長者精神健康系列
接納與承諾治療
小組實務手冊

長者精神健康系列
接納與承諾治療
小組實務手冊

沈君瑜、陳潔英、陳熾良、郭韡韡、林一星著

策劃及捐助：

合作院校：

Department of Social Work and Social Administration
The University of Hong Kong
香港大學社會工作及社會行政學系

HKU
PRESS
香港大學出版社

香港大學出版社

香港薄扶林道香港大學

https://hkupress.hku.hk

© 2024 香港大學出版社

ISBN 978-988-8805-81-5（平裝）

10 9 8 7 6 5 4 3 2 1

亨泰印刷有限公司承印

目 錄

目 錄

總序

安享晚年，相信是每個人在年老階段最大的期盼。尤其經歷過大大小小的風浪與歷練之後，「老來最好安然無恙」，平靜地度過。然而，面對退休、子女成家、親朋離世、經濟困頓、生活作息改變，以及病痛、體能衰退，甚至死亡等課題，都會令長者的情緒起伏不定，對他們身心的發展帶來重大的挑戰。

每次我跟長者一起探討情緒健康，以至生老病死等人生課題時，總會被他們豐富而堅韌的生命所觸動，特別是他們那份為愛而甘心付出，為改善生活而刻苦奮鬥，為曾備受關懷而感謝不已，為此時此刻而知足常樂，這些由長年累月歷練而生出的智慧與才幹，無論周遭境況如何，仍然是充滿豐富無比的生命力。心理治療是一趟發現，然後轉化，再重新定向的旅程。在這旅程中，難得與長者同悲同喜，一起發掘自身擁有的能力與經驗，重燃對人生的期盼、熱情與追求。他們生命的精彩、與心理上的彈性，更是直接挑戰我們對長者接受心理治療的固有見解。

這系列叢書共有六本，包括三本小組治療手冊：認知行為治療、失眠認知行為治療、針對痛症的接納與承諾治療，一本靜觀治療小組實務分享以及兩本分別關於個案和「樂齡之友」的故事集。書籍當中的每一個字，是來自生命與生命之間真實交往的點滴，也集結了2016年「賽馬會樂齡同行計劃」開始至今，每位參與計劃的長者、「樂齡之友」、機構同工與團隊的經驗和智慧，我很感謝他們慷慨的分享與同行。我也感謝前人在每個社區所培植的土壤，以及香港賽馬會提供的資源；最後，更願這些生命的經驗，可以祝福更多的長者。

計劃開始後的這些年，經歷社會不安，到新冠肺炎肆虐，再到疫情高峰，然後到社會復常，從長者們身上，我見證著能安享晚年，並非生命中沒有起伏，更多的是在波瀾壯闊的人生挑戰中，他們仍然向著滿足豐盛的生活邁步而行，安然活好每一個當下。

願我們都能得著這份安定與智慧。

香港大學社會工作及社會行政學系
高級臨床心理學家
賽馬會樂齡同行計劃 計劃經理（臨床）
郭韡韡
2023年3月

前言

有 關 「 賽 馬 會 樂 齡 同 行 計 劃 」

　　有研究顯示，本港約有百分之十的長者出現抑鬱徵狀。面對生活壓力、身體機能衰退、社交活動減少等問題，長者較易會受到情緒困擾，影響心理健康，增加患上抑鬱症或更嚴重病症的風險。有見及此，香港賽馬會慈善信託基金主導策劃及捐助推行「賽馬會樂齡同行計劃」。計劃結合跨界別力量，推行以社區為本的支援網絡，全面提升長者面對晚晴生活的抗逆力。計劃融合長者地區服務及社區精神健康服務，建立逐步介入模式，並根據風險程度、症狀嚴重程度等，為有抑鬱症或抑鬱徵狀患者提供標準化的預防和適切的介入服務。計劃詳情，請瀏覽http://www.jcjoyage.hk/。

有 關 本 手 冊

　　「賽馬會樂齡同行計劃」提供與精神健康支援服務有關的培訓予從事長者工作的助人專業人士（包括：從事心理健康服務的社工、輔導員、心理學家、職業治療師、物理治療師和精神科護士等），使他們掌握所需的技巧和知識，以增強其個案介入和管理的能力。本手冊屬於計劃的其中一部分。製作本手冊的主要目的，是期望提供有系統的實務指引，協助助人專業人士和社區，以接納與承諾治療理論作為小組介入的手法，針對有抑鬱徵狀長者的情況作出介入，從而達到有效協助抑鬱症人士改善情緒。

　　此手冊包含了多年來參與這項計劃的長者與社工在應用認知行為治療的歷程與心得。當中的物資、故事、解說、練習與活動，都是經過長者們與社工多次的分享與回饋，不斷的改進，以至更能切合長者的言語、文化、思維與生活模式。至於他們的經驗，反映了很多西方實證的心理治療手法，實在需要與受眾一同共建，達到一個本土化、與受眾群體文化共融的體現方式。在此，衷心感謝長者們與同工的參與，更願此手冊，可以讓更多的長者受惠。

如 何 運 用 此 手 冊

　　此手冊分為三部分：第一部分為小組基本資料及開組前預備；第二部分為小組每節內容及具體流程；第三部分為小組物資、工作紙、附錄練習及參考資料。工作員應在開組前詳細閱讀及理解當中的材料，以便更好地掌握整個小組的結構及進程。

　　請留意，工作員在運用此手冊前，必須先接受相關認知行為治療的培訓。未受相關培訓的工作員並不適合使用此手冊；本手冊內容亦非供抑鬱症人士自主閱讀的材料。

第 一 章

接納與承諾治療簡介
(Acceptance and Commitment Therapy)

一 甚麼是接納與承諾治療？

接納與承諾治療的英文是Acceptance and Commitment Therapy，縮寫為ACT。ACT有「行動」的意思，也是較新興的心理治療法之一。ACT 不僅是採取行動，還是以價值導向為本的行動。ACT旨在幫助個人釐清自己的價值觀，認清甚麼是對自己此刻真正重要及有意義的事情，並彈性地採取與該價值觀一致的行動。ACT教導人們接納自己無法控制的事情，跟一些不想要的負面想法和情緒保持距離，最後承諾自己去做一些令個人生活更豐盛的行動。

二 六個核心元素

ACT的六個核心元素包括：釐清價值觀、與此時此刻連結、脫離糾結、接納、觀察自我及承諾的行動。圖一的六角形代表ACT每一個重要的歷程，中間就是ACT的最終目的——透過六個核心歷程從而增加個人的心理彈性。

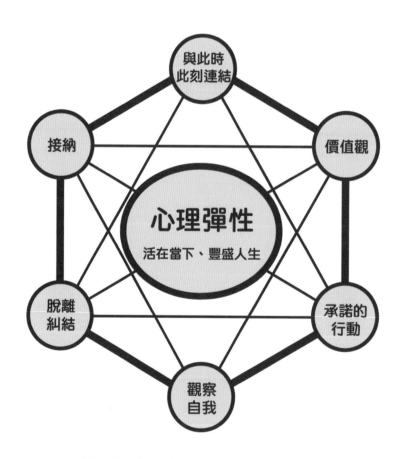

圖1　接納與承諾治療中的心理彈性六角形圖

1
價值觀 (Values)

　　在ACT中，價值觀（values）不是指一些目標，不是你人生渴望得到的一些事物或需求，例如：我想子女可以孝順我。反之，ACT中的價值觀是指由自己出發，自由選擇在人生、性格和生活上我們所重視的品格，而且它引領我們行動的方向，例如：我希望自己成為一位怎樣的人（爸爸／媽媽／女兒／兒子）？價值觀既是人生的方向，也是讓人因為情境變化而可以彈性地作出不同的選擇，而且產生無窮無盡的相應行動，即使在任何境況下也能繼續實踐。當人實踐行動時，情緒或有起伏，生活卻會感到滿足。

2
與此時此刻連結 (Contact with Present Moment)

　　與此時此刻連結（contact with present moment）是指在心理上能夠活在當下，意思是當我們的思想被過去的經歷、想法或情緒纏擾時，能夠有意識地返回現實世界，以不批判的態度觀察此刻所發生的一切。同時它也指擴闊視野並敏於覺察，更加留意生活處境，由當下具體的經驗作主導，從而彈性地選擇回應處境的行動。

3
脫離糾結 (Cognitive Defusion)

　　脫離糾結（cognitive defusion）是學習內在的經驗，包括情緒、想法、回憶、衝動等只是心的活動，並沒有實際能力去控制我們的行動。然而，當我們不知不覺，混淆或糾結於這些內在經驗，甚或認定當中的想法、情緒就是現實處境時，我們的行動往往就會被這些內在經驗限制著、牽著走，例如頭痛就不開心，甚至連嘗試一下的可能性都抹煞了。脫離糾結是學習「退後一步」、發現與觀察自己的想法，意思是能夠與過去的負面經歷、想法或情緒稍稍保持，不再任意地被擺布或過分地逃避或消滅它們。

4

接納 (Acceptance)

接納（acceptance）在ACT 的理論裡，是指我們為著重視的價值觀，願意（willing）去經驗當中必然出現的情緒或困難。由於我們的每個價值觀或是重視的事情，必然附帶著困難甚至負面情緒，例如焦慮、失望。當人為了逃避這些必然存在的內在經驗時，往往令自己無法向著重要的方向前進。從ACT的角度來說，願意或接納代表學習「開放自己」，容許過去的負面經歷、想法或情緒隨意地來來去去，不花力氣地與它們糾纏或角力。簡言之，這並不是要我們去喜歡它們，反之只是給它們一些空間。

5

觀察自我 (Self-as-context)

觀察自我（self-as-context）在ACT的理論中，是指我們會探討「我是誰」，這包括所有關於定義「我是誰」的想法、經歷、評價或信念，例如：我認為自己是一位盡力照顧家庭的媽媽，一般情況下大家會根據此想法而行動。能夠做到當然沒問題，然而若情況或身體不許可時，過分牢固地堅持，甚或糾結於這個自我定義的想法中，便很容易限制了行動，甚至失去了人生的方向或自我價值。

從ACT的觀點來看，這些「自我定義」是想法與經驗的一部分，是「我」的部分，但「我」卻不止這些。今天「我」即使不再做家務，不再照顧孩子，甚至不用再當媽媽的角色，我仍存在，我仍是我。當人學習回到當下的覺察，用不批判的態度去留意這些自我定義的描述、想法和過去的經驗，並保持一定的距離，我們就多了一份彈性，甚至看見：我可以是別人的姊妹，我可以盡情享樂，我可以吃外賣，然後我仍是我，始終如一的我。這個持續又穩定的我，從以前到現在，一直存在，承載並觀察著，卻不局限於自己某個經驗、角色或自我描述，這在ACT的理論中，稱為「觀察的自我」。當與這個「觀察的自我」連結，人們就可以從牢固的自我定義中走出來，彈性地選擇當下想行動的價值方向，但同時仍感到一份完整的自我。

6

承諾的行動 (Committed Action)

「承諾的行動」（committed action）是指實踐與價值觀一致的行動。有時人的行動是依從習慣，或是衝動，或是為了逃避，這些情況下的行動大多不知不覺，沒有清晰對準當刻想追求的價值方向。另外，人們也容易將慣常的行動等同價值觀，例如「煮飯」等同「照顧兒女」，但當處境不再容許這些行動時，就也誤以為失去了價值觀。在ACT的治療中，會增加當事人選擇該行動的意識，同時擴闊更多與價值觀相應的行動，透過越來越多的價值行動，使生活變得更豐盛完滿和有意義。

⊜ 應用接納與承諾治療於痛症長者

隨著年紀漸長，身體難免出現一些小毛病，有些長者甚至長期受到痛症問題困擾。長期痛症不僅影響個人身體機能和活動能力，還會令人在情緒方面受到不同程度的影響。很多時候，疼痛一旦出現，長者會用盡辦法去解決，認為只有減輕疼痛才能有更好的生活。久而久之，疼痛不但沒有減輕，反而使他們感到煩厭、沒心情，甚至沒心機，即使生活上有想做的事，也會變得沒有動力去做。

如上所述，接受與承諾治療的英文縮寫是ACT，意思是「付諸行動」，而整個治療的重點是，無論我們的生活遇到甚麼難關，即使不能即時解決，但透過ACT的過程，我們可以學習如何接納這些難處和難受的心情，同時承諾自己會為著自己想過的生活或重視的事情，願意繼續前進和實踐，從而達到豐盛完滿的生活。

❶ 小 組 目 的

- 學習放鬆心情，活在當下
- 學習調整和增強個人的心理彈性

❷ 小 組 對 象

- 年齡：60歲以上
- 有輕度或以上抑鬱徵狀（主要為PHQ-9中得5分或以上和少於14分的人士）
- 有長期痛症問題（疼痛情況超過三個月）

❸ 小 組 結 構

- 人數：6至8人，上限8人
- 節數：小組會分兩個部分，包括八節心理課和八節運動課，心理課每節兩小時，運動課每節1.5小時
- 工作員：由一位曾接受接納與承諾治療訓練的工作員帶領小組；並有2至3位曾接受計劃訓練的「樂齡之友」從旁協助
- 每節課堂開始時預留約8至10分鐘做一個熱身小遊戲

❹ 「 樂 齡 之 友 」 （ 註1 ） 的 角 色

建議每位「樂齡之友」針對性地跟進和協助兩位參加者，「樂齡之友」的主要角色包括以下：

- 盡力協助參加者出席所有節數，例如陪伴行動不便的參加者到中心
- 在課堂中鼓勵參加者分享自己的經驗和感受
- 協助參加者掌握課節中的重點和技巧
- 提點、陪伴和協助參加者在課節之間完成小實踐，包括做對自己有意義的承諾行動和運動

註

1. 「賽馬會樂齡同行計劃」由2016年開始提供「樂齡之友」課程和服務。「樂齡之友」培訓課程包含44小時課堂學習(認識長者抑鬱、復元和朋輩支援理念、運用社區資源、「身心健康行動計劃」和危機應變等等) 及 36小時實務培訓（跟進個案、分享個人故事和小組支援等等）。完成培訓和實習的「樂齡之友」，將有機會受聘於「賽馬會樂齡同行計劃」服務單位，用自身知識和經驗跟進受抑鬱情緒或風險困擾的長者，提昇他們的復元希望。

● 組 員 篩 選 準 則

參加者須符合以下條件：

1. 60歲或以上
2. 願意參與和完成小組活動
3. 有輕度或以上抑鬱徵狀（PHQ-9為5分或以上和少於14分的人士）
4. 在簡易疼痛量表（Brief Pain Inventory, BPI）第9題的9B、9E 或9G 三題中其中一題得分是6分或以上
5. 有長期痛症問題（疼痛情況超過三個月）
6. 參加者能自己站立和坐下
7. 沒有已知的自閉症譜系、智力障礙、精神分裂及相關病症、躁鬱症、柏金遜症、認知障礙症
8. 沒有即時自殺風險
9. 沒有顯著的溝通困難
10. 在過去六個月內沒有中風、骨折、最近期確診的心血管疾病、接受心血管外科手術、植入心臟起搏器、血管疾病、嚴重慢性阻塞性肺病（COPD）、接受椎骨手術、膝關節置換或任何手術
11. 醫生沒有建議不能運動
12. 家裡有足夠運動空間
    a. 家裡有穩固的椅子
    b. 做運動時不應出現麻痺、增加痛感、頭暈、或嘔吐狀況（如出現任何徵狀，須立即休息）

● 組 前 面 談

小組正式開始前，建議工作員逐一與參加者進行組前會面，主要的目的是：

1. 了解他們的背景，以及痛症對他們在生活、情緒和社交上的影響，其他呈現的困難
2. 講解小組目的，調整他們對小組的期望
3. 了解他們重視的價值，例如:抱有終身學習的態度、好好照顧家人、享受自由自在的生活等
4. 了解甚麼原因使他／她未能過滿足及有意義的生活？
    a. 他／她糾結於甚麼想法當中，例如:自我／別人的評價、過去不想要的經歷等
    b. 他／她試圖逃避甚麼，例如:情緒、感官、記憶等

第四章 　小組內容

甚麼是你重視的？ ○- - - - - - - -

目標 ◎

1. 介紹小組目標和內容，共同訂立小組協定
2. 自我介紹
3. 了解長期痛症
4. 確認組員的價值

小組內容 📝

活動 1 ○	**自我介紹** ⏱10分鐘

☆ **目的：** 初步認識工作員、組員、「樂齡之友」

☆ **物資：**
- 簡報S1 第1至2頁
- 名牌
- 筆

☆ **步驟：**

1. 工作員和「樂齡之友」介紹自己
2. 組員輪流介紹自己
3. 除了表明自己的稱呼外，也可以分享自己鄉下的生活、興趣或喜歡的一樣家鄉小吃
4. 分享一件自己富罪惡感的愉悅事（guilty pleasure）
5. 熱身小遊戲（註1）

> **註** ◇◇
>
> 1. 視乎時間，工作員可考慮在每節開始時加插一個熱身小遊戲，有助組員投入小組

經驗分享

▶ 讓組員自由地分享和介紹自己，避免過於催迫，為讓各組員均有機會發言，工作員需留意組員回答是否太過詳盡，可提醒簡短作答即可

▶ 分享自己鄉下的生活或喜好，有助增強小組凝聚力

活動 2

小組協定 ⏱5分鐘

☆ **目的：** 共同訂立小組守則

☆ **物資：**
- 簡報S1 第3頁

☆ **步驟：**
1. 講解每一個協定和其重要性
2. 邀請組員提議其他小組協定
3. 共同同議當中的協定

經 驗 分 享

▶ 主動詢問組員是否有遺漏其他守則，能有助提升他們對小組的歸屬感及組員之間的信任

活動 3

「心動不如行動之心遊記」旅程 ⏱10分鐘

☆ **目的：** 介紹「心動不如行動之心遊記」旅程，並讓組員明白和掌握「創造性無望」（creative hopelessness）的概念

☆ **物資：**
- 簡報S1 第4至5頁
- 白板
- 白板筆

☆ **步驟：**

1. 「心動不如行動之心遊記」引用了經典故事《西遊記》及其中主要人物作為框架，首先讓組員明白主角唐三想（唐三藏，也即是各組員）為了自己重視的價值（取《西經》以普渡眾生），縱使沿途困難重重，但仍不惜一切，與三位徒弟一同踏上這個旅程（註1）

2. 引入主題：《西遊記》中四師徒想取的是《西經》，而各組員想取的是這本《無痛天書》

3. 問組員：「你們如何看這張風景畫？你希望親身去欣賞一下嗎？」（註2）

4. 引導組員思考是否真有《無痛天書》這本書？（註3）
   a. 每人分享兩種曾經處理痛症的方法
   b. 完成後，再問組員這些方法的有效程度：短期是否能夠解決或紓緩痛症問題？那麼，長遠來說呢？痛症是否會重來？

解說和學習重點

▶ 明白「創造性無望」的概念，即是你越想／或過分盡力地去控制自己的想法、感受和痛症，就越阻礙自己過一個豐盛和有意義的生活

▶ 在這個旅程，我們經常會問有關「可行性」（workability）的概念：你做了這些事情，是否讓你的生活變得更圓滿和有意義？

5. 訂立方向：既然這些方法未能令大家的生活變得更豐盛，那不如考慮其他可操作得更好的方式，就在未來八星期裡，我們一起去探索一下

註 ◇◇◇

1. 讓組員明白每個人都有自己重視的人、事和物，提點組員無需評價別人的分享，由自己出發便可

2. 大部分組員都會認為畫中的風景很美麗，但再問及是否想親身去一趟時，很多負面想法便隨之而來，例如：自己沒有能力、身體多處疼痛、體力不足、行動不便等。提醒組員要尊重別人的分享，例如：視乎自己的能力，組員可以在旁邊欣賞已感到滿足，也有組員可能想挑戰更高的難度

3. 工作員把組員的方法逐一寫在白板上。大部分痛症患者都認為一定要消滅痛楚／避開不想要的想法、情緒或記憶才能過滿足豐盛的生活，所以「創造性無望 (Creative hopelessness)」就是要讓組員明白他們一直做的方法，無法讓自己的生活變得更豐盛。既然如此，不如考慮其他可操作得更好的方式

活動 4

「你有入錯組嗎？」 ⏱30分鐘

☆ **目的：** 簡介痛症

☆ **物資：**
- 簡報S1 第6至10頁
- 白板
- 白板筆

☆ **步驟：**

1. 引入主題：邀請組員分享「你會如何描述『痛楚』的感覺？」

2. 再解釋「痛楚」是一種身體感覺，可分為急性和慢性兩種，急性（短期）的痛楚可持續數分鐘至數星期不等，例如：擦傷，但很快便會痊癒，痊癒後不會感到痛楚

3. 相反，慢性（長期）的痛楚可持續三個月至數年不等，身體上的創傷已經痊癒，但仍感到痛楚，痛的強度是好是壞，醫學未能解釋，但痛楚是真實的

4. 逐一問組員以下問題，並把分享寫在白板上：（註1）
   - 問題（一）：你的痛是怎樣的？（身體哪個部位痛）
   - 問題（二）：痛起來心情如何？（感受）
   - 問題（三）：你曾經嘗試用甚麼方法解決這些痛？（可讓組員舉出曾試過的方法，例如：熱敷、針灸等）

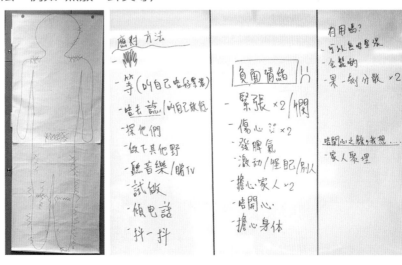

5. 既然所有曾用過的方法都未能令大家的生活變得更豐盛，倒不如考慮其他可操作得更好的方式。**小組的重點是，學習「接納」：開放自己，即是嘗試容許痛苦的感受或情緒保持原狀，不去抵抗或逃避，默默地去接受（註2）**，就像圖中的唐三想一樣（簡報第10頁），當心情煩惱時，先有意識地定定神（第一步），再想清楚生活中自己重視的人和事（第二步），最後就是承諾的行動，去做與價值觀一致的行動（第三步）（註3）

6. 希望透過這個小組，提升組員的心理彈性，從而過一些與價值觀相符的生活

> ### 解說和學習重點
>
> ▶ 有時候，負面情緒和想法出現時，會阻礙我們去過自己想過的生活，例如：有組員說當痛一出現，他就沒有心機去湊孫了。這三個手勢提醒我們先要：
>
> 1. **定定神**：用正念，把心神全心全意地留意當下發生的事，包括身體的感覺至周圍的環境
> 2. **為咩呢**：想一想自己最重視的人、事和物
> 3. **去做啦**：去實踐自己重視的（增加與價值觀一致的行動）

註〰〰〰〰〰〰〰〰〰〰〰〰〰〰〰〰〰〰〰〰〰〰〰〰〰〰〰〰〰〰〰〰〰〰

1. 工作員需要指出每位組員都有不同程度的痛症困擾，但所有痛楚都是真實的。因此分享是一個重要的部分，這有助增強組員之間的認同感和加強「創造性無望 (Creative hopelessness)」，從而願意考慮其他可操作得更好的方式

   把白板上寫有組員的分享拍下來，放入下節簡報第15頁

2. 「接納」和開放自己是小組的治療目標之一，在這裡可先鼓勵和詢問組員是否願意一起踏出一步？

   工作員把組員的方法逐一寫在白板上，並欣賞每位組員其實都用盡不同的方法去處理自己的痛

3. 這三個手勢是小組的重點，每次會與組員一起做：

   1 定定神

   2 為咩呢

   3 去做啦

休息10分鐘

活動 5

知道甚麼是你重視的 ⏰40分鐘

☆ **目的**：協助組員尋找自己重視的東西，並清楚自己的生活方向

☆ **物資**：
- 簡報S1 第11至16頁
- 死神通知書（附錄A1.1）
- 價值卡（附錄A1.2）
- 寶盒工作紙（附錄 A1.3）

☆ **步驟**：

1. 解說甚麼是價值觀：工作員指出每人內心都有一個寶盒，內裡就是自己真正重視的人、事和物（註1）

2. 價值觀是一種導向／態度，例如：生活中我們為甚麼挺身而出、希望自己成為一位怎樣的人等。價值觀大致可分四個範疇，包括善待身心、與人建立關係、興趣追求、自我成長，它就像指南針，讓我們不會走錯路，每天持之以恆地做，從而讓生活更豐盛、完滿和有意義（註2）

3. 組員獲派一張寶盒工作紙

4. 運用「死神通知書」去協助組員尋找自己重視的價值，假如死神將會在兩個月後來探望我們，你想一想有甚麼重要的事沒有做而感到非常後悔呢？（註3）

5. 再運用價值卡澄清組員重視的東西，首先每位組員獲派一套價值卡，再邀請他們揀選三個最重要的

6. 工作員可讓組員簡單分享自己的三張卡，然後再一起討論大家現時是否把精力花在這些重視的東西上？如果不是，那麼花在甚麼東西上？大家希望是這樣嗎？

7. 最後在自己的三張卡當中，再揀一張，這一張可以是想更滿足的範疇，或是自己重視但甚少去做的一件事（註4）

解說和學習重點

▶ 價值觀是當下的，反之目標是未來的，所以在任何時候，組員都可以選擇去行動或忽略它

▶ 以目標為導向的人，很容易會出現挫敗感

▶ 以價值觀為導向的，雖然仍是有目標，但著重點是放在每個時刻都能夠活得有價值

▶ 因此，在這個活動中，協助組員找到自己重視的價值觀是非常重要的一環，這是ACT模式的目標，即是過與價值觀一致(豐盛和圓滿) 的生活

註

1. 每人都有自己重視的人、事和物，提點組員無須評價別人的分享，由自己出發便可

2. 這四個範疇互相重疊，不是完全分割的，最重要是取得平衡，加上價值觀是沒有所謂完結的時候，每一天都可以持續地實踐：
   - 善待身心——想如何對待或照顧自己？
   - 與人建立關係——想自己成為一個怎樣（如父母、丈夫、太太、兄弟姊妹、朋友）的人？
   - 興趣追求——興趣方面，想自己抱著一個怎樣的心態？
   - 自我成長——待人處事和學習上，你想自己抱著一個怎樣的心態？

3. 提醒組員這裡說的不是處理身後事或立遺書等事情。如果工作員認為「死神通知書」這說法會令組員感到不安，可以選擇不用這個卡，在這裡的重點是要讓他們開始想想自己重視的價值觀

   請謹記，有些組員開初未必太願意探討自己的價值觀，直到他們與糾結的情緒和想法保持一定的距離後才願意

   在這裡，工作員必須與組員釐清他們的價值觀（對他們重要的人、事和物），否則很難有效地導引他們行動

4. 可由組員自己選一張或由工作員代選一張內容具有少許的挑戰，把這張卡加入第二節簡報第13頁，以備下堂分享

活動 6

總結及小實踐 ⏱15分鐘

☆ **目的:** 協助組員掌握本節重點

☆ **物資:**
- 簡報S1 第17至25頁

☆ **步驟:**

1. 總結課堂重點:為了減輕痛症,大家都用盡了不同的方法,可惜痛楚不但沒有完全解決,反而令自己付出更大的代價,例如:因為要經常看醫生而失去與家人或朋友相聚的時間,所以小組的目的是提升大家的心理彈性,從而過一些與價值觀相符的生活

2. 組員如何可以在小組中得到最多呢?

   a. 人生舞台——組員有屬於自己的人生舞台,擁有自己的節奏,不需要與人比較

   b. 自我反思——回望一下自己,是否過著自己想過的生活

   c. 好奇心——多一份好奇心,踏出一步

   d. 解開心鎖——投入,積極分享

   e. 陪伴——旅程上會有工作員、「樂齡之友」和組員的支持和陪伴

   f. 親身經歷——像學游泳般,必須要親身經歷和實踐 ,才有所感受

   g. 不同的情緒——小組裡會接納不同的情緒,只要組員願意分享,都是可以的

3. 最後問組員是否願意為著自己所重視的去行動,而行動中如果出現疼痛,也願意嘗試用新的方法與它共處一會兒

4. 小實踐

   a. 找一樣物件代表你所重視的,影一張相(小實踐一)(註1)

   b. 試一試根據其中一張價值卡的指示做一件事(小實踐一)(註2),可以是你想更滿足的範疇,或是你重視但甚少去做的事

   註◇◇

   1. 重視的可以是一些人、事或物,沒有指定的對象。相片可以預早轉發給工作員,再放入第二節簡報第11頁,以便在下一節分享

   2. 「樂齡之友」可在上堂前提醒組員下一節帶回價值卡

目 標 ◎

1. 進一步了解個人的價值觀和承諾的行動
2. 釐清阻礙承諾行動背後的因素
3. 介紹Choice Point

小 組 內 容 📏

活動 1

你好嗎？ ⏱5分鐘

☆ **目的：**主動關心組員的狀況

☆ **物資：**
- 簡報S2 第2頁

☆ **步驟：**
1. 工組員輪流分享過去一星期的狀況，例如：睡眠質素、心情、身體狀況、日常生活瑣事等
2. 熱身小遊戲（註1）

註◇◇◇

1. 視乎時間，工作員可考慮在每節開始時加插一個熱身小遊戲，有助組員投入小組

經·驗·分·享

▶ 輪流分享有助增強組員之間的信任和互動，同時工作員亦可以跟進他們做運動的情況

活動 2

重溫 ⏱10分鐘

☆ **目的：**重溫上節課程內容

☆ **物資：**
- 簡報S2 第3至9頁

☆ **步驟：**
1. 簡單重溫小組協定，鼓勵組員積極分享
2. 重提《無痛天書》，既然世上沒有無痛天書，痛症亦不能完全解決，究竟人生是為了甚麼？為消滅或是減輕痛楚，還是想過更豐盛和有意義的生活呢？
3. 既然日子總要過，那麼你想未來兩個月怎樣過呢？（簡報第5頁），我們嘗試一起找回生命中對我們重要的事
4. 播放《價值觀》影片（簡報第6頁）（註1）
5. 重溫甚麼是價值觀？

14

6. 重溫小組中三個重要手勢，與組員一起做（簡報第10頁）：

a. 第一步：定定神

b. 第二步：為咩呢

c. 第三步：去做啦

註◇◇

1. 對組員來說，價值觀可能會較為抽象，因此建議工作員在這節再次解說價值觀是指對自己重要的人、事和物，是由自己出發的，不是別人告訴你的。很多時組員容易把價值觀與個人目標混淆，前者是一種特質或態度

活動 3

「對我重要的……」 ⏱25分鐘

☆ **目的：** 了解組員重視的人、事和物

☆ **物資：**
- 簡報S1 第11頁（註1）

☆ **步驟：**

1. 邀請組員逐一分享自己的相片（小實踐一）

2. 分享部分：對你來說，相片代表甚麼重要的東西呢？

3. 小結：要繼續實踐這些對於我們來說重要的事情是不容易的，儘管艱難，我們仍希望繼續堅持下去，這才是我們最珍貴的事

註◇◇

1. 工作員把組員分享的照片預先放入簡報第11頁

活動 4

承諾的行動 ⏱15分鐘

☆ **目的：** 組員分享

☆ **物資：**
- 簡報S1 第12至13頁（註1）

☆ **步驟：**

1. 提醒每人都有自己重視的人、事或物，沒有所謂對與錯

2. 邀請組員分享自己的行動（小實踐二）

註◇◇

1. 工作員把組員在第一節選的一張價值卡預先放入簡報第13頁

休 息 1 0 分 鐘

活動 5

心頭大石體驗活動 ⏱40分鐘

☆ **目的:** 釐清阻礙承諾行動背後的因素

☆ **物資:**
- 簡報S1 第14至18頁
- 手掌大的石頭（每人一粒）
- 石頭體驗活動
- 白板
- 白板筆
- 標籤貼紙（labels紙，手掌大的size）

☆ **步驟:**

1. 邀請組員逐一分享「解決痛症的方法（在第一節時分享的）對你帶來甚麼短期和長期的代價?」例如:付出的時間和金錢等（註1）

2. 待組員分享後，工作員指出:很多時我們會不知不覺地忙於處理痛症而忘記了自己重視的事

3. 然後每位組員獲派一塊石頭（註2），再邀請他們在以下四個範疇中揀一個最阻礙他們去過滿足的生活，即是當你想去過／做有意義的生活／事時，這些想法／感受便會隨之而來，讓你無法實踐下去（簡報第16頁）:
   a. 身體機能方面（例:痛症、攰、活動能力）
   b. 情緒方面（例:怕尷尬、被拒絕、擔心、無心機、煩惱、後悔）
   c. 想法方面（例:已經同以前不一樣、做嘢都無用、有痛點會開心、已經錯過了、做做下痛咁點算）
   d. 人際關係（例:唔好打擾人、人地都唔理你、做嘢無用、他／她已經認定我是一個這樣的人）

4. 待所有人已拿回自己的石頭（已貼上以上其中一個範疇），便再去下一個體驗活動

解說和學習重點

▶ 以石頭當作想法是一種隱喻的方式去表達認知糾結（fusion）。認知糾結是一種狀態，是指我們不知不覺地與自己的情緒和想法混合在一起時，不能抽離，就像剛才體驗A和B中，我們被想法完全遮蓋視野或用盡力氣去推開它，結果生活更受限制，不僅只是身體上的痛楚，而是整個生活變得又痛又苦

▶ 體驗C是要讓組員感受脫離糾結，當石頭在大腿上時，雖然組員能夠感受它的存在，但視野沒有因此而受到限制，而且雙手能夠自由郁動，做一些自己喜歡的事。即是當我們能夠與這些想法保持距離時，便不再需要花更大的力氣去抓住它或把它推開，從而邁進豐盛圓滿的生活

▶ 請謹記，我們不是試圖去減少或消除這些想法，只是改變與它的關係

5. 體驗活動是把石頭當作是自己的想法（簡報第17頁）：（註3）

- **體驗A：**先把石頭放在雙手上，然後把雙手往上抬，再慢慢地讓石頭遮蓋自己的臉，直至石頭完全遮蓋你的眼睛（註4）

  討論部分：
  （一）現在你的視野受到怎樣的影響呢？你看到甚麼東西？
  （二）假若你整天都用石頭遮蓋你的眼睛，你的生活會受到甚麼限制？會錯過甚麼和多少東西？

- **體驗B：**現在再來一次，今次我們盡力地把石頭推開；你越有多想推開這些負面情緒和想法，就越有多盡力地推開石頭（註4）

  討論部分：
  （一）現在你感覺如何？如果一整天或無時無刻，你都需要盡力地去推開石頭時，你的生活會受到甚麼限制？

- **體驗C：**我們再緩緩地把石頭放在大腿上，再與鄰座組員手握手：

  討論部分：
  （一）現在你感覺又如何？輕鬆了嗎？大家可以先郁動一下雙手
  （二）假你還感覺到石頭的存在嗎？與剛才兩次比較，今次你感覺又如何呢？
  你視野有受影響嗎？
  當雙手可以自由郁動時，你感覺又如何？

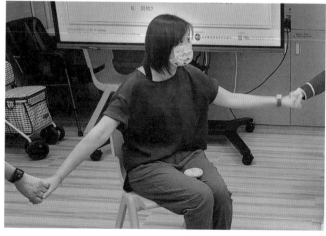

6. 以Choice Point 作總結（簡報第18頁），如果每天我們都把焦點放在處理這些想法（心頭大石），你認為你的生活是朝向哪一個方向前進（黑森林或是有心心樹的方向）？雖然兩邊都有心頭大石，但有心心樹方向的那邊除了心頭大石外，還有其他色彩，代表能繼續做自己喜歡的事

7. 既然心頭大石是無可避免的，我們可以學習一下「接納」，即是不再花太多精力去與它糾纏

8. 反之，先有意識地定定神，把心神全心全意地留意當下發生的事，包括身體的感覺至周圍的環境

   註◇◇

   1. 工作員把組員在第一節活動四分享時的記錄預先放入簡報第15頁
   2. 「樂齡之友」可以協助組員先把他們的範疇寫在標牌上，然後再貼在石頭上
   3. 對組員來說，拿著石頭會感到很累或疑惑，工作員可先鼓勵他們盡力去做從而讓他們慢慢感受一下整天拿著石頭（即是糾纏於情緒和想法），能否過著滿足的生活
   4. 工作員可把體驗活動A、B和C過程拍照，稍後放入第三節簡報第4至5頁內

活動 6

總結及小實踐 ⏱15分鐘

☆ **目的：**協助組員掌握本節重點

☆ **物資：**
- 簡報S2 第19至25頁
- 喇叭
- Choice Point 筆記（附錄A2.1 Choice Point）
- 三步空間呼吸錄音（在二維碼內）

☆ **步驟：**

1. 提組員獲派Choice Point筆記（附錄A2.1 Choice Point）
2. 工作員帶領定定神練習：
   a. 播放「三步空間呼吸」錄音（註1）
   b. 這個練習是讓組員感受和增加「與此時此刻連結」的經驗，學習把注意力集中於當下的事物
3. 總結課堂重點：定定神是過程的第一步，當我們開始逐漸覺察到自己的想法，便可以能夠從想法中抽離，從而減少它們對你的影響，就像唐僧四師徒，他們每人都帶著心頭大石去完成自己認為重要的事（簡報第24頁）
4. 小實踐
   a. 繼續在你重視的範疇上實踐一件事，並在下一節與大家分享（小實踐一）

   註◇◇

   1. 工作員可選擇播放錄音或親自與組員練習「三步空間呼吸」
      對於從來未做過正念練習的組員來說，可能感覺不習慣或未能投入其中，甚至感受到身體的痛楚，工作員可先鼓勵組員嘗試

覺 察 當 下 （ 一 ） ○ - - - - - - -

目標 ◎

1. 介紹不同的應對方法和其特徵
2. 學習與此時此刻連結

小組內容 ✏️

活動 1

你好嗎？ ⏱5分鐘

☆ **目的:** 主動關心組員的狀況

☆ **物資:**
- 簡報S3 第2頁

☆ **步驟:**

1. 組員輪流分享過去一星期的狀況，例如:睡眠質素、心情、身體狀況、日常生活瑣事等
2. 熱身小遊戲（註1）

註◇◇◇◇◇◇◇◇◇◇◇◇◇◇◇◇◇◇◇◇◇◇◇◇◇◇◇◇◇◇◇◇◇◇◇◇◇◇◇

1. 視乎時間，工作員可考慮在每節開始時加插一個熱身小遊戲，有助組員投入小組

經・驗・分・享

▶ 輪流分享有助增強組員之間的信任和互動，同時工作員亦可以跟進他們做運動的情況

活動 2

重溫 ⏱15分鐘

☆ **目的:** 重溫上節課程內容

☆ **物資:**
- 簡報S2 第3至6頁

☆ - 心頭大石

步驟:

1. 組員獲派屬於自己的心頭大石，簡單重溫體驗活動A和B，並強調心頭大石是無可避免的（註1），再花力氣也徒勞無功
2. 因此我們可以用另一種方式與自己的想法相處，就是先有意識地定定神，然後把石頭放在大腿上，視野沒有受到限制，雙手能夠自由郁動，做一些自己喜歡的事（註2）
3. 再把心神全心全意地留意當下發生的事，包括身體的感覺至周圍的環境，再決定下一步的行動（心心樹或是黑森林）

註◇◇◇◇◇◇◇◇◇◇◇◇◇◇◇◇◇◇◇◇◇◇◇◇◇◇◇◇◇◇◇◇◇◇◇◇◇◇◇

1. 工作員可預先把上一節在心頭大石體驗A和B的照片放入簡報第4頁
2. 把組員在心頭大石體驗C的照片放入簡報第5頁

小實踐分享 ⏱25分鐘

☆ **目的：**讓組員分享自己的承諾行動

☆ **物資：**

- 簡報S2 第7至14頁 （註1） （附錄A3.1 自己的Choice Point筆記）

☆ **步驟：**

1. 組員逐一分享自己的承諾行動 （註2）

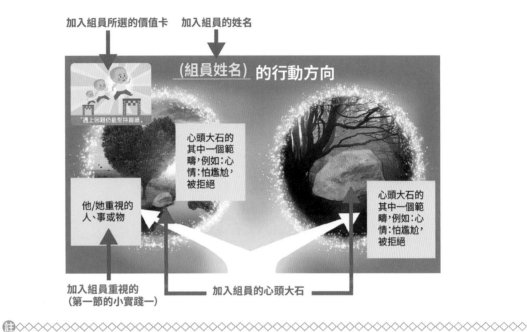

加入組員所選的價值卡　加入組員的姓名

（組員姓名） 的行動方向

遇上困難仍能堅持繼續

心頭大石的其中一個範疇，例如：心情：怕尷尬，被拒絕

他/她重視的人、事或物

心頭大石的其中一個範疇，例如：心情：怕尷尬，被拒絕

加入組員重視的（第一節的小實踐一）　　加入組員的心頭大石

 ◇◇

1. 工作員可預先為各組員準備一張屬於自己的Choice Point，並加入他／她重視的人、事或物／價值卡和心頭大石的其中一個範疇

2. 有或沒有做到也不要緊：

　1　有做到的，可分享做了甚麼，有甚麼感受？

　2　沒有做到的，讓組員分享有甚麼阻礙他們呢？

應對方式 ⏱25分鐘

☆ **目的：**介紹人們慣常用的應對方法

☆ **物資：**

- 簡報S2 第15至28頁
- 角色卡 （附錄A3.2 應對卡）

☆ **步驟：**

1. 每位組員獲派一套角色卡

唐三想
♥價值 善待身心
⚡技能 定定神，堅定方向，去做啦

孫唔通
♥價值 自我成長
⚡技能 消滅/解決眼前障礙

豬八噏
♥價值 興趣追求
⚡技能 趨吉避凶，逃過辛苦

沙咁靜
♥價值 與人關係
⚡技能 忍，死頂而非處理

2. 面對心頭大石，每個人都會有自己慣常用的方法，不論是用哪一種方法，其實都沒有所謂對或錯，因為每一種方式都有其可取之處

3. 再逐一介紹每一種應對方式（註1）
   討論部分：（簡報第21頁）
   （一）回想一下，當面對心頭大石，你最慣常用哪一種方法？試分享一些例子
   （二）甚麼時候你會用？每天你花了多少時間在這些方法上？結果如何？
   （三）有沒有因為要忙於應付疼痛，而令自己沒有時間做自己重視的事？
   （四）這些方法是否有效幫助你走向一個有意義的生活（心心樹的方向）？
   （簡報第22頁）

4. 既然這些方法未能幫助你過一個有意義的生活，倒不如試一試用另一種應對方式——「唐三想」（簡報第23頁）（註2），即是當不可能控制心頭大石（想法和感受）時，我們可以先嘗試同它們相處一會，並有意識地把專注力放回此時此刻（簡報第24頁），定定神過後，你會想向哪個方向前進？

> ### 解說和學習重點
>
> ▶ 當被心頭大石纏繞時，我們渴望去逃避／消滅／抑壓它，這些方法有時確實是有效的，例如：身體不適便去看醫生。但如果我們千篇一律或過度僵化地使用一種方法去應對所有狀況，就有可能產生其他問題，例如：我只用消滅／解決障礙的方式去嘗試解決長期痛症，儘管尋求不同的醫生，花盡所有時間，但很多時，情況並不如預期般理想，最終因不能解決問題而感到得失望、挫敗
>
> ▶ 因此，我們不是要把大家的應對方法分「對」或「錯」，反之問大家：「這樣做能讓你過你想過的生活嗎？」，這是與可行性有關，如果回答是肯定的，當然就不需要改變。但如果回答是否定的，我們就要考慮其他可以操作得更好的方法
>
> ▶ 在這裡，我們把焦點放在自己的想法，那些想法是否能幫助大家朝向更完滿、有意義的生活？

註◇◇◇◇◇◇◇◇◇◇◇◇◇◇◇◇◇◇◇◇◇◇◇◇◇◇◇◇◇◇◇◇◇◇◇

1. 角色卡：
   1 「豬八噎」——技能是趨吉避凶，逃過辛苦，即是用盡方法和力氣去逃避或抑壓一些不想要的情緒或想法，例如：令你自己非常忙碌，從而說服自己不再去想負面的情緒
   2 「孫唔通」——技能是消滅／解決障礙，即是用盡方法把心頭大石消滅，例如：不斷尋求不同的醫生或方法去處理痛症，儘管已經花了很多時間和金錢，也在所不惜
   3 「沙咁靜」——技能是忍，死頂而非處理。這種是較常見的應對方式，很多時，我們會認為自己無得選擇，只能硬著頭皮接受，但這裡的「忍／接受」是有死頂的意思，而不是真誠地去接受，當中帶著很多不同的負面情緒

2. 「唐三想」——有意識地定定神，再望清楚，你想自己去哪一個方向走（心心樹還是黑森林）？

休 息 1 0 分 鐘

活動 5

介紹「定定神」 ⏱30分鐘

☆ **目的：**體驗「定定神」活動，增加此時此刻意識的覺察

☆ **物資：**
- 簡報S2 第29至31頁
- 護手霜（註1）
- 紙杯
- 熱水
- 不同款式的茶包（最少4款）

☆ **步驟：**

1. 工作員先講解甚麼是「定定神」？（註2）

2. 「定定神」是小組的重點之一，提醒組員當被心頭大石纏繞時，大家可先嘗試「定定神」，以下有兩個關於「定定神」的活動，如時間不許可，可只選擇其中一個：

   a. 「定定神」體驗活動一：護手霜按摩雙手（簡報第30頁）（註3）

   （一）每位組員獲派一支護手霜

   （二）用眼睛（視覺）先仔細觀察自己雙手，日常有留意他們嗎？你看到甚麼？平日有呵護他們嗎？

   （三）把少許護手霜先塗上左手，再嗅一嗅（嗅覺）護手霜有甚麼味道？

   （四）然後慢慢由手指公起逐一按摩每根手指，從下而上，每跟手指可維持10至15秒，按摩時，感受一下護手霜慢慢滲透在手指上，雙手覺得如何？

   （五）完成左手後，再到右手

   （六）活動完結後，可讓組員分享一下自己的感受，包括：活動過程中，心頭大石有出現嗎？現在再觀察雙手，有甚麼不同？

   b. 「定定神」體驗活動二：嚐茶（簡報第31頁）（註4）

   （一）每位組員獲派一個紙杯和熱水，再讓他們選擇自己喜歡的茶包

   （二）拿到茶包後，組員可先分享一下茶包的氣味（嗅覺）、顏色（視覺）或質感（觸覺）？

   （三）接著把茶包放入熱水中，仔細觀察茶包在水中的變化，例如：顏色、形態等，還有其他觸感的變化，例如溫度

   （四）再請組員慢慢品嚐，味覺感覺如何？茶經過喉嚨時有甚麼感覺或聽到甚麼聲音？

   （五）組員可以自由再添加熱水

   （六）活動完結後，可讓組員分享一下自己的感受，包括：活動過程中，心頭大石有出現嗎？當下，你在想甚麼呢？

解說和學習重點

▶ 「定定神」是這個小組的重要概念之一，所以會有兩節時間與組員體驗「定定神」

▶ 在沒有工作員帶領下，組員一般會認為「定定神」是一件不容易的事，因為他們的認知糾結已經非常牢固，行為已被想法控制，所以在第三和第四節，工作員需要利用「定定神」這個技巧讓組員稍稍感受一下，把自己的覺察和專注力放回當下

▶ 「定定神」是接納和脫離糾結當中的一個歷程（註5），當要接受一個感受時，我們必須要先注意它（手電筒）和對它充滿好奇（放大鏡），即是與此時此刻連結，不迷失在自己的想法之中，當我們越接觸自己的想法，越能夠做出明智的抉擇，心理會變得越有彈性

註◇◇◇◇◇◇◇◇◇◇◇◇◇◇◇◇◇◇◇◇◇◇◇◇◇◇◇◇◇◇◇◇◇◇◇◇◇◇◇

1. 可以是不同品牌且帶香味的護手霜

2. 定定神是指「與此時此刻連結」，有意識地把「注意力」和「好奇心」放在當下的事物。在這裡，我們會利用五感（視覺、聽覺、嗅覺、味覺和觸覺）來體驗如何把焦點帶回當下
   「手電筒」代表我們的「注意力」，你把手電筒照那一個位置，就自然地集中和留意那個地方
   「放大鏡」代表我們的「好奇心」，對周邊事物感到興趣，具備探索、研究及學習的特質

3. 部分長者未必習慣這樣的體驗活動，或只想匆匆地完成，特別是對於男組員，工作員可鼓勵他們先嘗試，感受一下便可
   活動完成後，建議把護手霜送給組員，並鼓勵他們回家練習

4. 有些組員擔心含咖啡因的茶包會影響晚上睡眠質素，建議工作員準備一些不含咖啡因的茶包。如果組員不想喝茶，也可以建議他們一同體驗和分享其他感官部分
   活動完成後，建議把餘下的茶包送給組員，並鼓勵他們回家練習

5. 關於脫離糾結的詳細內容會在小組第五節講解

活動 6

總結及小實踐 ⏱10分鐘

☆ **目的：**協助組員掌握本節重點

☆ **物資：**

- 簡報S3 第32至34頁
- 附錄A3.3 五感觀察表

☆ **步驟：**

1. 總結課堂重點：當心頭大石出現時，很自然地我們想去逃避／消滅／抑壓它，的而且確這些方法有時都是有效的，但當我們過度僵化地用一種方法去面對所有問題時，便很容易糾結於這些沒有幫助的想法，特別是當問題不是一時三刻可以處理或解決時，最後甚至忽略或忘記自己最重要的價值觀

2. 因此，當我們覺察到這份糾結或逃避時，便可以先「定定神」，將心神帶回此時此刻；在這一節我們體驗了如何幫助自己把心神帶回當下

3. 其實，每個人都有自己定定神的方法，例如：聽音樂、呆望街角；即使現在沒有，我們還是可以找到一個屬於自己的方法

4. 小實踐：

   a. 找出屬於自己「定定神」的方法（小實踐一）

   b. 用五感去觀察當下一件小小美好事，並提醒組員可做一些簡單記錄，以便下一節分享（小實踐二）（註1）（附錄A3.3 五感觀察表）

   c. 為咩呢 + 去做啦

   繼續在你重視的範疇上實踐一件事，並在下一節與大家分享（小實踐三）

   註

   1. 建議「樂齡之友」可在下一節前，提醒組員完成小實踐或陪同組員一起完成，例如：一起到公園觀賞大自然

第 四 節　覺 察 當 下 （ 二 ）○------

目 標 ◎

1. 加強與此時此刻連結的經驗、體驗活在當下

小 組 內 容 ✐

活動 1

你好嗎？ ⏱5分鐘

☆ **目的：**主動關心組員的狀況

☆ **物資：**
- 簡報S4 第2頁

☆ **步驟：**

1. 組員輪流分享過去一星期的狀況，例如：睡眠質素、心情、身體狀況、日常生活瑣事等

2. 熱身小遊戲（註1）

註◇◇◇◇◇◇◇◇◇◇◇◇◇◇◇◇◇◇◇◇◇◇◇◇◇◇◇◇◇◇◇◇◇◇

1. 視乎時間，工作員可考慮在每節開始時加插一個熱身小遊戲，有助組員投入小組

經·驗·分·享

▶ 輪流分享有助增強組員之間的信任和互動，同時工作員亦可以跟進他們做運動的情況

活動 2

重溫 ⏱10分鐘

☆ **目的：**重溫上節課程內容

☆ **物資：**
- 簡報S4 第3頁

☆ **步驟：**

1. 重溫小組中三個重要手勢，與組員一起做（簡報第4頁）
   a. 第一步：定定神
   b. 第二步：為咩呢
   c. 第三步：去做啦

小實踐分享 ⏱️40分鐘

☆ **目的：**讓組員分享自己的承諾行動

☆ **物資：**

- 簡報S4 第4至23頁

☆ **步驟：**

1. 邀請組員逐一分享自己的承諾行動（註1和2）（簡報第5至12頁）（小實踐三）

2. 重溫常用的應對方法（簡報第13至14頁）和「定定神」的用處（簡報第15頁）

3. 組員逐一分享自己「定定神」的方法，當刻腦海出現一些煩惱的想法時，這個方法如何令你把心神定回來？（小實踐一）

4. 簡單重溫上一節的五官定定神活動（護手霜和嚐茶），再請他們分享用五感去觀察當下一件美好事的經驗（簡報第17至19頁）（小實踐二）

5. 心頭大石出現時，我們有意識地定定神後，你會選擇朝哪一個方向進發？

註◇◇

1. 工作員可預先為各組員準備一張屬於自己的Choice Point，並加入他／她重視的人、事或物／價值卡和心頭大石的其中一個範疇

2. 有或沒有做到都不緊要：
   1️⃣ 有做到的，可分享是做了甚麼，有甚麼感受？
   2️⃣ 沒有做到的，讓組員分享有甚麼阻礙他們呢？當下他／她做了甚麼幫助自己？

休 息 1 0 分 鐘

體驗另一個「定定神」 ⏱️40分鐘

☆ **目的：**邁向與此時此刻連結

☆ **物資：**

- 簡報S4 第24至27頁
- 小盆栽（註1）

☆ **步驟：**

「定定神」體驗活動：五感觀察植物

1. 每位組員獲派一盆小盆栽

2. 再用五感（視覺、聽覺、嗅覺、味覺和觸覺）仔細觀察小盆栽
3. 邀請組員輪流分享
4. 活動完結後，可讓組員分享一下自己的感受：活動過程中，你注意到甚麼？心頭大石有出現嗎？（註2）

解說和學習重點

▶ 每一個「定定神」練習的核心是：你注意到「它」！

▶ 「它」是任何在此時此刻覺察的事物

▶ 在這小組所教的只是一些練習，每個人都可以建立自己「定定神」的方式，重點是能夠：
1. 你注意到「它」
2. 與自己的想法能夠有少少距離
3. 回到當下，再想一想自己想朝著哪一個方向前進

註

1. 建議是同一款有花植物的小盆栽，顏色可以不同，例如：家樂花
2. 小盆栽會送給組員帶回家，並邀請他們每天花一點時間去觀察和照顧，同時鼓勵他們為盆栽拍照，並在下一節與大家分享

活動 5

總結及小實踐 ⏱15分鐘

☆ **目的：**協助組員掌握本節重點

☆ **物資：**
- 簡報第28頁
- 附錄 A4.1 五感觀察表
- 三步空間呼吸錄音（在二維碼內）

☆ **步驟：**

1. 總結課堂重點：與組員再練習「定定神」，鼓勵他們可以建立自己「定定神」的方式
2. 小實踐：
   a. 每天練習「定定神」（小實踐一）
      （一）五官體驗活動（賞花／嚐茶）（A4.1五感觀察表）（註1）
      （二）呼吸練習——「三步空間呼吸」錄音（在二維碼內）
   b. 為咩呢＋去做啦（小實踐二）
      （一）留意心頭大石幾時阻住你
      （二）朝著你重視的方向繼續前進

註

1. 工作員邀請組員每天花一點時間觀察和照顧盆栽，鼓勵他們為盆栽拍照，並在下一節與大家分享

目標 ◎

1. 覺察糾結如何影響我們的行動
2. 識別最影響自己的情緒和想法
3. 體驗脫離糾結

小組內容 ✏️

活動 1

你好嗎？ ⏱5分鐘

☆ **目的：**主動關心組員的狀況

☆ **物資：**
- 簡報S5 第2頁

☆ **步驟：**
1. 組員輪流分享過去一星期的狀況，例如：睡眠質素、心情、身體狀況、日常生活瑣事等
2. 熱身小遊戲（註1）

註 ◇◇

1. 視乎時間，工作員可考慮在每節開始時加插一個熱身小遊戲，有助組員投入小組

經·驗·分·享

▶ 輪流分享有助增強組員之間的信任和互動，同時工作員亦可以跟進他們做運動的情況

活動 2

重溫 ⏱10分鐘

☆ **目的：**重溫上節課程內容

☆ **物資：**
- 簡報S5 第3頁

☆ **步驟：**
1. 重溫小組中三個重要手勢，與組員一起做（簡報第4頁）
   a. 第一步：定定神
   b. 第二步：為咩呢
   c. 第三步：去做啦

活
動
3

小實踐分享 ⏱35分鐘

☆ **目的：**讓組員分享自己的承諾行動

☆ **物資：**
- 簡報S5 第4至14頁

☆ **步驟：**

1. 邀請組員逐一分享「定定神」練習：五官體驗活動（小實踐一）（註1）
2. 再分享這個星期的承諾行動（註2和3）（簡報第7至14頁）（小實踐三）

    ⟡註⟡⟡⟡⟡⟡⟡⟡⟡⟡⟡⟡⟡⟡⟡⟡⟡⟡⟡⟡⟡⟡⟡⟡⟡⟡⟡⟡⟡⟡⟡⟡⟡⟡

    1. 工作員可預先把組員分享的小盆栽照片放入簡報第5頁
    2. 工作員可預先為各組員準備一張屬於自己的Choice Point，並加入他／她重視的人、事或物／價值卡和心頭大石的其中一個範疇
    3. 有或沒有做到也不要緊：

        1▸ 有做到的，可分享是做了甚麼，有甚麼感受？

        2▸ 沒有做到的，讓組員分享有甚麼阻礙他們呢？當下他／她做了甚麼幫助自己？

休 息 1 0 分 鐘

活
動
4

脫離糾結 ⏱40分鐘

☆ **目的：**讓組員經驗脫離糾結，明白我們的想法不會控制我們的行動

☆ **物資：**
- 簡報S5 第15至17頁
- 白板
- 白板筆
- 三步空間呼吸錄音（在二維碼內）

☆ **步驟：**

1. 邀請組員分享：「當要做對自己重要的事時（組員自己的價值），有甚麼想法會阻礙／卡住你？」或「如果你和這個想法糾結在一起，它會帶給你怎樣的生活和影響？」（註1）
2. 工作員把組員卡住的想法寫在白板上，例如：「人老就沒有用！」、「幾年前身體還好好的，現在真的很差，看了無數個醫生都是一樣！」、「我做事從來沒有恆心，這麼多年來都是一樣！」等
3. 接著介紹「收音機」隱喻：每個人的腦袋其實都有一部「收音機」，它無時無刻都播放著悲傷和擔心的字詞，既後悔過去，也擔憂未來，甚至不滿現在（註2）

「收音機」體驗活動一：當行動被「收音機」控制

1. 帶領技巧：工作員邀請其中一位組員帶領大家做一些拉筋伸展運動

2. 同時，工作員扮演組員腦海中的「收音機」，在拉筋伸展運動期間不斷大聲地播放著大家剛才分享（寫在白板上）的負面想法和說話

3. 在拉筋伸展運動過程中，工作員不僅會大聲說出大家的負面想法，還會針對性地運用不同的認知糾結與組員展開對話，可以包括如下：

   ▶ 跟隨腦袋的想法，例如：「人老就是沒有用，我還做甚麼運動？不如不做啦！做都無意思，一樣又是這麼痛！」

   ▶ 與想法角力，例如：「這個想法究竟是不是真？我一定可以做到的，我不是個廢物！」

   ▶ 逃避想法，例如：「我一定要繼續做，這樣做就不會再去想別的！」

> **解說和學習重點**
>
> ▶ 組員逐一分享剛才的經驗和感受：「當你聽到『收音機』廣播時，你有甚麼想法和行動？」
>
> ▶ 工作員總結剛才各組員的反應和表現，例如：是否有跟隨／逃避或與那些想法（工作員）角力？
>
> ▶ 工作員帶領思考問題：
>
> 在日常生活中，大家是否過著一個有「收音機」聲音的生活？即是當你想實踐一些對自己重要的事時，很容易便會跟隨／逃避或與「收音機」角力？
>
> ▶ 總結：事實上，用甚麼方法應對「收音機」並無所謂對與錯之分，最重要的是這種方法是否可行（「可行性」）：是否讓你朝向一個更完滿和有意義的生活？如果不是，我們便應該學習如何有效地與「收音機」相處

「收音機」體驗活動二：「收音機」只是一部會發聲的機器

1. 帶領技巧：在體驗活動二開始前，工作員先帶領大家做三步空間呼吸練習

2. 再指出面對「收音機」廣播時，我們可以先：

   ▶ 第一步：定定神：用正念，把心神全心全意地留意當下發生的事，包括身體的感覺至周圍的環境

   ▶ 第二步：為咩呢：想一想自己最重視的人、事和物

   ▶ 第三步：去做啦：去實踐自己重視的（增加與價值觀一致的行動）

3. 工作員解釋，這次我們不需要與想法糾纏，不需要逃避它，也不用與它角力，「收音機」只是一些背景音樂

4. 然後再一次邀請一位組員帶領大家做一些拉筋伸展運動，同時工作員扮演組員腦海中的「收音機」，大聲地重複播放大家剛才分享的負面想法和說話

5. 但這次，大家若留意到自己與想法糾纏時，工作員可提醒他們要定定神，把心神帶回當下（第一步）

6. 定神後，再想一想對自己重視的人、事和物（第二步），對你來說，他們為甚麼重要呢？他們的意義是甚麼？謹記不是你做得有多好（目標為本），而是你有否由心出發盡力去做（註3）

7. 最後就去實踐對你重要的事吧！

解說和學習重點

▶ 工作員帶領思考問題：
  a. 相比活動一，你留意到自己在活動二中有甚麼分別嗎？
  b. 當你專注在自己的價值觀和行動上時，「收音機」有甚麼不同？它會令你的行動有變化嗎？
  c. 你如何由認知糾結到脫離糾結（重新把專注力放回拉筋伸展運動上）？
  d. 你的想法有限制或控制你的行動嗎？

▶ 我們的腦袋就像一部「收音機」，無時無刻都在播放；它既會播放一些正面／幫助我們的訊息，有時，也會播放一些負面訊息，令我們脫離當下和遠離自己的價值觀

▶ 事實上，用甚麼方法應對「收音機」，並無所謂對與錯之分，最重要這種方法是否可行（「可行性」），能讓你朝向一個更完滿和有意義的生活

▶ 總結：所以我們先要學習多一份「覺察」，覺察這些想法何時出現，何時影響著我們？從而不被它們限制自己的行動（脫離糾結）

▶ 在脫離糾結的狀態下，組員要明白：
  a. 他們不一定要服從自己的想法
  b. 他們可以自由地選擇投放多少專注力
  c. 他們可以容許這些想法自由地來來回回，不一定要為它做甚麼

註◇◇

1. 工作員可根據組員個人的價值去了解他們的糾結（沒有幫助的想法）：
   1 組員與哪些過度僵化的認知糾結在一起呢？
   2 組員要逃避的是甚麼呢？

2. 「收音機」是一個隱喻，比喻那些無休止的負面想法，一旦組員明白這個隱喻一，工作員就可在之後的課節中加以引用，例如：「你的收音機又開著了，而且非常大聲！」

3. 以善待自己的價值觀為例子：在定定神後（第一步），想一想為甚麼善待自己是重要的呢？因為要保持強壯的身體，才可以繼續照顧子女（最重視的價值觀）（第二步），所以即使有痛楚，每天我都會做適當的運動（第三步）
   請謹記，承諾的行動是與價值觀一致的，所以假若有時感到很疲憊，需要休息而不運動，相比強迫自己去做運動是更善待自己

活動 5

總結及小實踐 ⏱20分鐘

☆ **目的**：協助組員掌握本節重點

☆ **物資**：
- 簡報S5 第18至22頁
- 六合彩彩票（每人一張）（註1）
☆ • 白板
- 白板筆

步驟：

1. 播放《脫離糾結》影片（簡報第18頁）

2. 總結課堂重點：脫離糾結不是要去消滅或逃避這些想法，而是學習與它們抽離一下，退後一步，觀察一下自己的想法，而不與它們糾纏

3. 在脫離糾纏中，組員不一定要服從自己的想法，可以自由地選擇投放多少專注力，也可以容許這些想法自由地來來回回，不一定要為它做甚麼（註2）（簡報第21頁）

4. 小實踐：

   a. 實驗：買六合彩——大部人都認為自己不會中，即使這樣，我們也可以選擇不聽這部收音機，繼續去買六合彩嗎？（小實踐一）

   b. 在你重視的，**但又少做**的事／**最不滿足**的範疇上做一件事（小實踐二）（註3）

註◇◇◇

1. 在這裡，我們不是鼓吹賭博，反之這是一個實驗，雖然中六合彩的機會微乎其微，但我們都可以選擇不跟隨腦袋的說話，照去買六合彩

   提醒組員下一節帶回彩票

   如機構允許，工作員可在下一節為每位組員準備20元現金，有買六合彩的組員可收回20元

2. 容許這些想法自由地來來回回，不一定要為它做甚麼，就像簡報第21頁，四師徒都帶著自己的心頭大石繼續向重視的事進發

3. 如時間許可，可逐一詢問組員，詳細了解哪些是他們重視**但又少做**的事／或**最不滿足**的範疇，再與他們一起訂立一個目標（具體可做的事），並寫在白板上

   把他們**最不滿足**的範疇和具體可做的事放入下一節的簡報第7頁

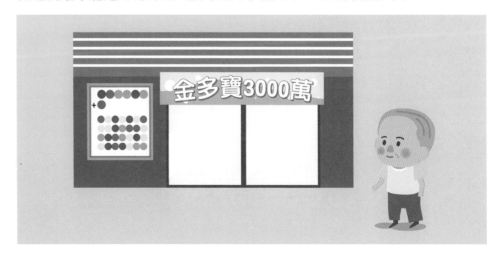

目標 ◎

1. 加開放自己
2. 學習容許負面情緒存在
3. 明白逃避情緒的代價

小組內容 ✐

活動 1

你好嗎？ ⏱5分鐘

☆ **目的：**主動關心組員的狀況

☆ **物資：**
- 簡報S6 第2頁

☆ **步驟：**
1. 組員輪流分享過去一星期的狀況，例如：睡眠質素、心情、身體狀況、日常生活瑣事等
2. 熱身小遊戲（註1）

註◇◇

1. 視乎時間，工作員可考慮在每節開始時加插一個熱身小遊戲，有助組員投入小組

經‧驗‧分‧享

▶ 輪流分享有助增強組員之間的信任和互動，同時工作員亦可以跟進他們做運動的情況

活動 2

重溫 ⏱15分鐘

☆ **目的：**重溫上節課程內容

☆ **物資：**
- 簡報S6 第3至4頁

☆ **步驟：**
1. 重溫上節重點：我們的腦袋就像一部「收音機」，無時無刻都在播放；它既會播放一些正面的訊息，但也會播放一些負面的訊息，令我們脫離當下和遠離自己的價值觀
2. 所以我們要學習多一份「覺察」，覺察這些想法何時出現，從而不被它們限制自己的行動
3. 脫離糾結不是要去消滅或逃避這些想法，而是學習與它們抽離一下，退後一步，觀察一下自己的想法，而不與它們糾纏
4. 當思緒感到困擾時，可先做三個重要步驟
   a. 第一步：定定神
   b. 第二步：為咩呢
   c. 第三步：去做啦

5. 在脫離糾結的狀態下，組員要明白：
   a. 他們不一定要服從自己的想法
   b. 他們可以自由地選擇投放多少專注力
   c. 他們可以容許這些想法自由地來來回回，不一定要為它做甚麼

活動 **3**

小實踐分享 ⏱30分鐘

☆ **目的：**讓組員分享自己的承諾行動

☆ **物資：**
- 簡報S6 第5至8頁

☆ **步驟：**

1. 工作員問大家是否有買六合彩？為甚麼會去買或不買？明明知道很難中獎，是甚麼驅使你仍然去買呢？（小實踐一）（註1）（簡報第5頁）
2. 當你可以選擇不跟隨「收音機」廣播時，你認為自己的生活是朝著哪一個方向呢（心心樹或是黑森林）？（簡報第6頁）
3. 再分享這個星期的承諾行動——在你重視的，**但又少做**的事／**最不滿足**的範疇上做一件事（小實踐二）（註2和3）（簡報第7至13頁）

◇◇

1. 工作員把最新的六合彩結果預先放入簡報第5頁
2. 工作員把組員在上一節的分享預先放入簡報第7頁，再逐一邀請他們分享
3. 有或沒有做到也不要緊：
   1 有做到的，可分享是做了甚麼，有甚麼感受？
   2 沒有做到的，讓組員分享有甚麼阻礙他們呢？當下他／她做了甚麼幫助自己？

休 息 10 分 鐘

活動 **4**

逃避的代價 ⏱30分鐘

☆ **目的：**加強組員明白不斷逃避情緒所要付出的代價

☆ **物資：**
- 簡報S6 第9至13頁
- 心頭大石
- 白板
- 白板筆
- 乒乓球
- 水杯和自來水

☆ **步驟：**

1. 工作員先派回屬於組員的心頭大石

2. 輪流邀請組員分享：（註1）

   a. 當望向自己的心頭大石（對自己重要的事），有甚麼情緒是你最想避開，例如：難過、傷心？

   b. 當你實踐承諾行動時，有甚麼想法阻礙你，例如：怕被拒絕？

   c. 大家不妨想一想，「做對自己重要的事時，無可避免地會帶來負面情緒，如果避開情緒，會帶你去哪個行動方向？」

3. 乒乓球體驗活動

   • **體驗A：**

   ▶ 每位組員獲派一隻水杯和一個乒乓球，水杯需注入三分之二的自來水

   ▶ 工作員再講解乒乓球是比喻自己最想避開的情緒或想法（註2）

   ▶ 接著，把乒乓球放入水杯內

   ▶ 工作員再請組員用手指把乒乓球壓入水中

   ▶ 當手指離開乒乓球時，乒乓球會怎樣？

   討論部分：

   （一）大家有否曾經不斷地嘗試避開不想要的情緒或想法，但一靜下來時，情緒就立刻爆發出來？

   （二）假如每天我們都把乒乓球壓住（企圖避開情緒或想法），你的生活會是怎樣的？

   • **體驗B：**

   ▶ 組員先把手指伸出來，看一看乒乓球。現在乒乓球在哪？你看到它嗎？

   ▶ 接著，工作員和組員一起玩「捉蟲蟲遊戲」，首先大家圍圈坐好，然後一起做預備動作。組員左手圍成一小圈，然後右手食指放進右邊組員的小圈中央

   ▶ 工作員數：「一、二、三」，組員就要立即縮開右手食指，左手也要同時抓住他人的食指。組員算算看，最後捉到多少次？（註3）

   討論部分：

   剛才大家覺得怎樣？有全程投入嗎？感覺如何？

   • **體驗C：**

   ▶ 這一次，我們試下一邊壓住乒乓球，一邊玩「捉蟲蟲遊戲」，但重點是不可讓乒乓球浮在水面

   ▶ 你能夠成功嗎？

   討論部分：

   當要一邊壓住乒乓球，一邊玩「捉蟲蟲遊戲」，你覺得如何？能夠成功嗎？投入嗎？

   如果你要參與這個遊戲，你的手需要怎樣？

   • **體驗D：**

   ▶ 這一次，我們容許乒乓球浮在水面，但雙手全程投入去玩「捉蟲蟲遊戲」

   討論部分：

   這次經驗如何？哪一次最投入？

   在你面前的乒乓球有消失嗎？

┌─────────────────────────────────┐
│ 解說和學習重點 │
└─────────────────────────────────┘

▶ 有些情緒或想法是可以避開的，有些卻越想避，生活越是變得辛苦

▶ 越逃避，越不能過自己想過的生活，比如說：當遇到困難時，豬八怪每次都逃避，你認為他能取到西經嗎？

▶ 為了自己重視的，你願意學習容許情緒或想法存在一會兒嗎？

▶ 總結：我們一定不喜歡這些負面的情緒或想法，但為了可以全情投入生活，做想做的事，我們可以學習容許情緒安靜地存在一會兒，不用刻意避開它，既然它已存在，就嘗試帶著它一同去做自己重視的事

▶ 播放《Being with All of Your Experience》影片 （簡報第12頁） reference: AboutKidsHealth. (2019 May 03). *Being with All of Your Experience*. Youtube. https://www.youtube.com/watch?v=jaNAwy3XsfI

◇◇

1. 工作員把組員的分享寫在白板上。

2. 為了讓組員有更真實的體驗，工作員可針對性地向每一位組員說出他們最想避開的情緒或想法，例如：「對組員A來說，你面前的乒乓球就是那些你最害怕被拒絕的感覺。」

3. 大致上，組員十分投入在遊戲當中，即使日常較文靜者都很樂意參與

活動 5

容許是為了自己更重視的事 ⏱20分鐘

☆ **目的：**讓組員明白「容許」不是讓步，而是為了要過一個更滿足的生活，我們願意容許它存在一陣子

☆ **物資：**
- 簡報S6 第14至16頁 （註1）
- 籌碼 （附錄A6.1 籌碼的兩面）

☆ **步驟：**

1. 工作員先講解「籌碼的隱喻」，籌碼的兩面：一面是辛苦／痛，另一面是在乎／愛

2. 視乎時間，邀請部分組員分享自己曾感到辛苦／痛的經歷，並接納和肯定他們的感受

3. 接著，再問他們「這些帶來辛苦的事，背後反映了甚麼？」──其實反映的正正就是一些他們最重視的人、事和物

┌─────────────────────────────────┐
│ 解說和學習重點 │
└─────────────────────────────────┘

▶ 以籌碼和其兩面作隱喻去解釋辛苦／痛和在乎／愛兩者之間是並存的，我們在乎某一些人或事，當中必然有辛苦的時候

▶ 我們有艱難辛苦的時候，大家也試圖去避開或擺脫它，但可惜的是，我們越想擺脫它，生活就越被它拖累，造成更多的痛苦

▶ 事實上，所有痛苦的背後都是一些對我們重要的事

討論部分：

(一) 籌碼的兩面之間有甚麼關係？

(二) 我們能夠只要籌碼的一面嗎？
　　（註2）

(三) 既然不能夠只要一面，那麼我
　　們可以怎樣做？

▶ 我們不需要喜歡它，但我們可以容許它存在

▶ 與其擺脫它，或許我們可以對它多一份慈悲，照顧一下它，然後帶著自己重視的人和事繼續生活下去

註◇◇

1. 工作員把組員重視的人、事和物預先放入簡報第21頁

2. 請組員嘗試把籌碼辛苦／痛的一面拆開，從而讓他們明白兩者是並存的

活動 6

總結及小實踐 ⓘ10分鐘

☆ **目的：** 協助組員掌握本節重點

☆ **物資：**
- 簡報S6 第17頁

步驟：

☆ 1. 總結課堂重點：沒有人會喜歡那些負面情緒或想法，我們不需要喜歡它們，但重要的是，我們亦不需要過分地擺脫它們，因為越努力去擺脫，生活只會變得越痛苦，為了可以全情投入生活、做想做的事，我們可以學習容許情緒安靜地存在一會兒，不用刻意避開它，既然它已存在，就嘗試帶著它一同去做自己重視的事

2. 與組員重溫三部曲，當負面情緒或辛苦出現時，把心神帶回當下（簡報第22頁）

3. 小實踐

a. 每日練習3部曲（小實踐一）

b. 把籌碼放在當眼處，每天去望一下，提醒自己，並在下一節分享（小實踐二）
（註1）

c. 在你重視，**但又少做**的的事／**最不滿足**的範疇上做一件事（小實踐三）

註◇◇

1. 「樂齡之友」可在上堂前，提醒組員下一節帶回籌碼

做 自 己 的 巴 士 司 機 ○ - - - - - - - -

目 標 ◎

1. 透過解離和接納來減輕負面的情緒及想法
2. 促進組員的承諾行動

小 組 內 容 ✏️

活動 1

你好嗎？ ⏱5分鐘

☆ **目的:** 主動關心組員的狀況

☆ **物資:**
- 簡報S7 第2頁

☆ **步驟:**

1. 組員輪流分享過去一星期的狀況，例如:睡眠質素、心情、身體狀況、日常生活瑣事等
2. 熱身小遊戲（註1）

註◇◇

1. 視乎時間，工作員可考慮在每節開始時加插一個熱身小遊戲，有助組員投入小組

經・驗・分・享

▶ 輪流分享有助增強組員之間的信任和互動，同時工作員亦可以跟進他們做運動的情況

活動 2

重溫 ⏱10分鐘

☆ **目的:** 重溫上節課程內容

☆ **物資:**
- 簡報S7 第3至5頁

☆ **步驟:**

1. 重溫上節重點:沒有人會喜歡那些負面情緒或想法，我們不需要喜歡它們，但重要的是，我們亦不需要過分地擺脫它們，因為越努力去擺脫，生活只會變得越痛苦;為了可以全情投入生活、做想做的事，我們可以學習接納，容許情緒安靜地存在一會兒，不用刻意避開它，既然它已存在，就嘗試帶著它一同去做自己重視的事
2. 重溫小組中三個重要手勢，與組員一起做（簡報第5頁）
   a. 第一步:定定神
   b. 第二步:為咩呢
   c. 第三步:去做啦

活動 3

小實踐分享 ⏱25分鐘

☆ **目的：**讓組員分享自己的承諾行動

☆ **物資：**
- 簡報S7 第6至8頁

☆ **步驟：**

1. 工作員問大家是否有把籌碼放在當眼處，並邀請大家分享自己的感受？（小實踐二）（簡報第6至7頁）

2. 再分享這個星期的承諾行動——在你重視的，**但又少做／最不滿足**的範疇上做一件事（小實踐三）（**註1**）（簡報第8至9頁））

   註◇◇

   1. 有或沒有做到都不要緊：

      1 有做到的，可分享是做了甚麼，有甚麼感受？

      2 沒有做到的，讓組員分享有甚麼阻礙他們呢？當下他／她做了甚麼幫助自己？

休 息 1 0 分 鐘

活動 4

做自己的巴士司機 ⏱50分鐘

☆ **目的：**探索自己內心的阻礙，促進組員採取有價值的行動

☆ **物資：**
- 簡報S7 第9至12頁
- 白板
- 白板筆

☆ **步驟：**

「巴士司機」體驗活動A：

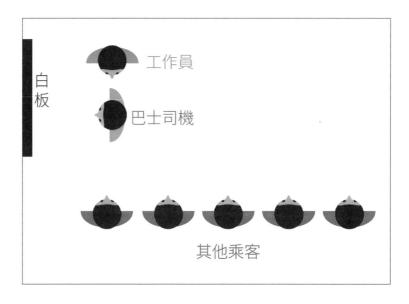

---

1. 工作員先安排一位組員作「巴士司機」（註1），其他組員是巴士上的「乘客」

2. 工作員先邀請扮演「巴士司機」的組員上前，然後再討論「巴士司機」的**核心價值觀**（希望改變的某一些生活領域）和**希望能夠採取的行動**，以及阻止其承諾行動的5至6個內在障礙（即負面的情緒或想法）（註2）

3. 其他組員將會扮演「乘客」，每個「乘客」代表「巴士司機」的一個內在障礙，他們會被邀請到前面加入與「巴士司機」的角色扮演活動

4. 接著，「巴士司機」 先面向自己的**價值觀**（白板——朝向自己重視的方向），假裝駕駛著巴士。工作員站在「巴士司機」旁邊，「乘客」將會排隊準備上車（註3）。上車時，「乘客」必須面對面告訴「巴士司機」一個她或他無法成功的原因（內在障礙），並登上巴士後在「巴士司機」後面排成一條直線

5. 工作員需在每次「巴士司機」和「乘客」相遇後輕輕地轉動「巴士司機」（註3），以至於在所有「乘客」登上巴士後，「巴士司機」會背向白板，「乘客」保持站在「巴士司機」後面

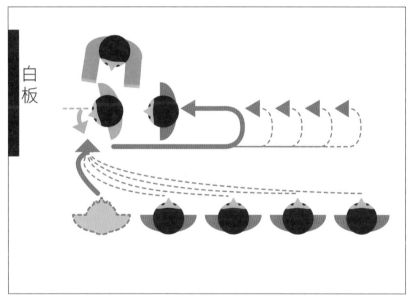

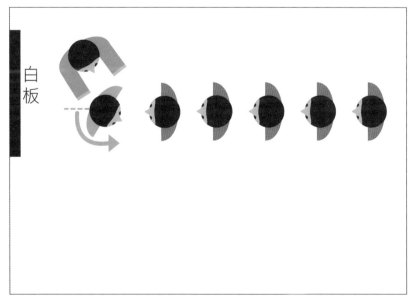

討論部分：

（一）工作人員可作簡單的小結

（二）詢問一下扮演「巴士司機」的組員是否留意到自己現時面對的方向？當面對著種種內心情緒時，他／她駕駛著的巴士是否還是朝向自己重視的價值？

「巴士司機」體驗活動B：

1. 在簡短的彙報小結後，角色扮演會再進行一次

2. 這一次，工作員可花一點時間與「巴士司機」重溫三部曲（註4），並提醒他：「前面就是你最重視的價值觀，想一想這意味著甚麼？」記得不要因為任何人，包括我去影響或轉動你

3. 同樣地，這次「巴士司機」開始時是面對著自己重視的價值（白板），當「乘客」一個跟一個上車並向「巴士司機」說出他／她的內在障礙時，「巴士司機」需要向每一位「乘客」回應「歡迎你上車！」，同時必須保持面向白板（刻意地不要被工作員轉動自己的方向）

4. 當第二輪體驗完成後，工作員、「巴士司機」和「乘客」可返回自己的座位

討論部分：

（一）工作員先感謝各組員的參與，並總結一下剛才的體驗

（二）當面對這些內在阻礙時，你（「巴士司機」）有甚麼感受？

（三）在體驗A，你（「巴士司機」）有甚麼發現？

（四）在體驗B，你（「巴士司機」）留意到有甚麼不同？

（五）既然你已經有剛才的經驗，在這個星期，你會願意採取哪一個行動去靠近你重視的價值？（註5）

（六）對於「乘客」，剛才你扮演一些內在阻礙，你有甚麼感受？對於「巴士司機」，你留意到甚麼？體驗A和B，他／她有甚麼分別？

（七）在你（「乘客」）的人生中，你是否也有經歷類似的想法，並一直欺負著你？

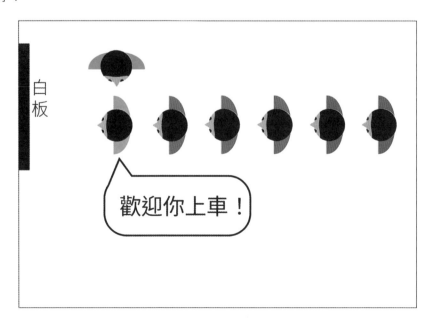

解說和學習重點

▶ 這個練習涉及所有承諾與接受治療的主要元素，從而說明我們的生活（有意義的生活）有時會在不知不覺間受到內心的想法或感受阻撓著。透過「巴士司機」的隱喻，帶出如何用ACT的技巧來應對這些內心的想法和情緒

▶ 人生中我們必然曾經經歷過類似的「乘客」，一些不可避免的阻礙，令我們變得很消極。雖然「乘客」看似很殘酷，但事實上他們只是我們頭腦上的一些想法，他們可能是不受歡迎的，但已經付了車費，也不會下車，如果你與他們爭鬥，你可能會變得更加糾結，甚至造成交通意外

▶ 如果你避開他們或讓他們接管你的巴士，最後你只會轉向另一方向，去了別的地方

▶ 因此，你可以選擇不給予他們任何力量，不被他們分心，也不讓他們影響你的駕駛，最後他們也只可跟著你的巴士走

▶ 在體驗B，「巴士司機」變得專注（與此時此刻連結），而且與自己真正重視的事物（價值觀）保持充分的接觸。「歡迎你上車！」這句說話代表一份接納，「巴士司機」沒有對他們感到困擾，反之繼續掌控自己的方向

▶ 巴士承載不同的乘客，就像承載了所有的想法一樣，最後，「巴士司機」堅定地實踐與價值觀一致的承諾行動

▶ 而透過這個經驗，「巴士司機」變得更有彈性，從而過更有意義的生活

註 ◇◇

1. 工作員應該選擇一位最被情緒或想法卡住（認知糾結）的組員作「巴士司機」，即是很少有承諾行動，或一想起重要的事時，便立即被情緒或想法卡住

2. 為了讓「巴士司機」有最真實的體驗，工作員必須與「巴士司機」小心探討，清晰確定他／她的核心價值觀和希望能夠採取的行動，以及阻止其承諾行動的5至6個內在障礙，並把它們寫在白板上

3. 在這裡，「巴士司機」是在不知不覺之間被工作員轉動，最後面向「乘客」方向

4. 重溫小組三部曲：
   1 第一步：定定神
   2 第二步：為咩呢
   3 第三步：去做啦

5. 行動可以是一小步，只要在你重視的價值方向上向前行一步

活動 5

總結及小實踐 ⏱20分鐘

☆ **目的：**協助組員掌握本節重點

☆ **物資：**
- 簡報S7 第13頁

步驟：

☆ 1. 總結課堂重點：透過「巴士司機」的體驗活動，我們明白到專注於一個你願意承諾的行動是非常重要的，無論是小步或大步，只要以價值觀為導向，承諾行動就有意義

2. 小實踐
   a. 在你重視的範疇，繼續你的承諾行動（小實踐一）
   b. 在下一節，帶一件能代表你在這七星期旅程的物件回來分享（小實踐二）

目 標 ◎

1. 總結七星期的學習

小 組 內 容 ✎

活 動 1

你好嗎？ ⏱5分鐘

☆ **目的：**主動關心組員的狀況

☆ **物資：**

- 簡報S8 第2頁

☆ **步驟：**

1. 組員輪流分享過去一星期的狀況，例如：睡眠質素、心情、身體狀況、日常生活瑣事等

2. 熱身小遊戲（註1）

註◇◇◇

1. 視乎時間，工作員可考慮在每節開始時加插一個熱身小遊戲，有助組員投入小組

經 驗 分 享

▶ 輪流分享有助增強組員之間的信任和互動，同時工作員亦可以跟進他們做運動的情況

活 動 2

重溫 ⏱10分鐘

☆ **目的：**重溫上節課程內容

☆ **物資：**

- 簡報S8 第3頁

☆ **步驟：**

1. 重溫上節重點：透過「巴士司機」的體驗活動，從而說明我們的生活（有意義的生活）有時會在不知不覺間受到內心的想法或感受阻撓。透過利用「巴士司機」的隱喻，帶出如何用ACT的技巧來應對這些內心的想法和情緒

2. 在人生中，我們必然遇到過類似的「乘客」———一些不可避免的阻礙，令我們變得很消極。雖然「乘客」看似很殘酷，但事實上他們只是我們頭腦上的一些想法，即使不受歡迎，但已經付了車費，也不會下車，如果你與他們爭鬥，你可能會變得更加糾結，甚至造成交通意外

3. 我們明白到專注於一個你願意承諾的行動是非常重要的，無論是小步或大步，只要以價值觀為導向，承諾行動就有意義

活動 3　小實踐分享　⏱20分鐘

☆ **目的:**讓組員脫離糾結,明白想法只是腦海中想出來的東西

☆ **物資:**
- 簡報S8 第4至7頁

☆ **步驟:**

1. 工作員邀請組員分享自己的承諾行動(小實踐一)

活動 4　粉紅色的小象　⏱30分鐘

☆ **目的:**鞏固組員所有ACT的重要元素

☆ **物資:**
- 簡報S8 第8至11頁

☆ **步驟:**

1. 「粉紅色的小象」故事分享:

　　a. 工作員與大家一起分享一個關於「粉紅色的小象」的冒險之旅。故事開始前,先請組員細心聆聽和留意以下重點:
- ▶ (i) 故事中哪個部分對你最重要?
- ▶ (ii) 故事中哪個部分令你最有共鳴?

　　b. 故事開始:(簡報第8頁) 很久以前,有一隻粉紅色的小象,牠很喜歡冒險和探索不同的事物。有一天,這隻粉紅色的小象又去了冒險,行著,行著,牠見到一條河,河的對岸非常美麗和吸引,小象很想過去看一看,牠心想:對岸必定有些吸引牠的東西,但是牠有些猶豫不決,因為大家都知道象不會游泳。於是牠便沿著河岸上下探索。(簡報第9頁)最終,小象發現了一座橋,這橋是可以穿越兩邊的,但是牠對穿越這橋感到有點卻步,鑒於牠的體積和體重,牠猶豫不決,牠的家人一直取笑牠又笨重又不靈活。的確,牠知道自己不靈活。萬一牠從橋上摔下來怎麼辦?於是,牠決定先讓自己停下來,靜一靜,就這樣過了三天三夜。這三天,牠沒有糾纏於那些想法,牠問自己:是否真的很想過對岸看看?這對我來說有多重要呢?三天過後,牠終於鼓起勇氣。一步一步,小心、緩慢而堅定地,粉紅色的小象就這樣成功地過了橋。這是牠第一次冒險到河的另一邊。

　　c. 這個故事結束了。(簡報第10頁)我希望你喜歡這個故事。現在輪到大家採取行動。請伸出你的手去撫摸屏幕上的粉紅色小象!

　　討論部分:(註1)
- (一) 當你細心聆聽這個故事的時候,你的腦海裡有甚麼想法和感受?
- (二) 故事中哪個部分對你最重要?故事中哪個部分令你最有共鳴?你有經歷過關於小象的事情嗎?
- (三) 我們可以從故事中學到甚麼?

解說和學習重點

▶ 一個關於勇氣的故事：
- 這可能是一個關於勇氣的故事，有時我們需要克服恐懼和擔憂才能前進。我們的擔憂並非完全沒有根據
- 生活中存在不同的風險。然而，如果我們讓這些擔憂限制我們的行動，我們的道路就會變得非常狹窄，永遠無法走出「舒適區」

▶ 一個關於「超越」的故事：
- 你認同小象嗎？在生活上，有哪些故事或想法會限制你的生活？你腦海中那些負面的故事或想法從何而來？它們可能來自你的家人、朋友或社會，或者是你的生活經歷。事實上，像游泳，容易令人產生恐懼，但是我們的能力其實比想像的還要高。如果我們開始相信我們的故事或想法，它會不斷地限制我們的生活

▶ 是象或是豬：
- 對部分人來說，你可能已經留意到「畫面上的小象」，也就是我們常常稱為「豬」的動物。請注意，我們的頭腦可能已經變得專注於這是「豬」還是「象」，或者試圖從中找出某種意義。雖然我們盡量不去批判，但事實上，我們的頭腦總是在評估和批判，告訴我們這是真的，那是假的。根據我們的學習經驗，頭腦會告訴我們這不是「象」。雖然我們無法消除我們的想法，但我們可以開始注意到它們，而不被它們困住
- 如果你的思想停留在「正確」或「有意義」這些定義上，你大概會錯過這個故事的重點！你會像故事開頭的小象一樣，忙忙碌碌，陷入自己的思緒中。同樣，有時當我們過於努力用積極的想法讓自己振作起來時，我們的想法實際上可能會陷入消極和積極之間的鬥爭。我們可以嘗試學習從關注「正確」、「有意義」或「積極」，轉向關注「可操作性」或「有效」方面
- 如果退後一步，這是一個任意的標籤，情況會有不同嗎？以哪一種方式稱呼根本不會損害或改變它的本質。將其「正確地」稱為粉紅色也不會使它更粉紅色。就像我們自稱「愚蠢」或「聰明」一樣，我們的智商不會改變。說「世事無望」對現在和未來也沒有影響。思想只是我們頭腦中的建議，如果它們在這種情況下很有用，那就好了——使用它們！如果不是，就沒有必要相信這些想法
- 剛才部分組員可能不願意虛擬地觸摸小象。你的頭腦可能會說「牠根本不是一頭象」。你可能還因為腦子裡的其他想法而沒有觸摸它，例如：「這很愚蠢」或「我不想觸摸電腦屏幕」等。與其糾結於頭腦告訴你做甚麼或不做甚麼，你總是可以選擇你的行動，不管你的頭腦在說甚麼

註
1. 工作員可把討論部分與解說和學習重點混合一起分享

休 息 1 0 分 鐘

<table>
<tr><td>活動 5</td><td>總結小組旅程 ⏱20分鐘</td></tr>
</table>

心動不如行動之心遊記

* 心動不如行動之心遊記

☆ **目的:**回顧每次重點

☆ **物資:**
- 簡報S8 第12至21頁
- Logbook印刷本（在二維碼內）

☆ **步驟:**

工作員分享第1至7節的重點:

1. **第一節:**
   ▶ 明白「創造性無望」的概念。為了處理痛症問題，大家用盡各種方法，但痛楚最終都不能完全解決，既然做盡都是徒勞無功，不如試一下其他可操作且更好的方式，最重要的是我們知道自己最重視的東西
   ▶ 就像《西遊記》中，唐三藏（即是各組員）為了自己重視的價值（取《西經》以普渡眾生），縱使沿途困難重重，但仍不惜一切，與三師徒一同踏上這個旅程

2. **第二節:**
   ▶ 尋回自己的價值觀
   ▶ 每個人都有自己的心頭大石，有時我們會不知不覺地被心頭大石完全遮蓋視野或用盡力氣去推開它（認知糾結），甚至連自己最重視的東西都忘記了
   ▶ 既然心頭大石是無可避免的，我們可以學習一下「接納」，即是不再花太多精力去與它糾纏，當石頭放在大腿上時，雖然我們仍然能夠感受它的存在，但視野沒有因此而受到限制，而且雙手能夠自由郁動，做一些自己喜歡的事。即是當我們能夠與這些想法保持距離時，便不再需要花更大的力氣去抓住它或把它推開，從而邁進豐盛完滿的生活
   ▶ 定定神是過程的第一步，當我們開始逐漸覺察到自己的想法，便可以從想法中抽離，從而減少它們對你的影響，就像唐僧四師徒，他們每人都帶著心頭大石去完成自己認為重要的事

3. **第三節**
   ▶ 當心頭大石出現時，我們很自然地想去逃避／消滅／抑壓它，的而且確這些方法有時都是有效的，但當我們過度僵化地用一種方法去面對所有問題時，便很容易糾結於這些無助的想法，特別是當問題不是一時三刻可以處理或解決時，最後甚至忽略或忘記自己最重要的價值觀
   ▶ 當我們覺察到這份糾結或逃避時，便可以先「定定神」，將心神帶回此時此刻，讓自己把心神帶回當下

4. **第四節**
   ▶ 明白「定定神」練習的核心是:你注意到「它」，「它」是任何在此時此刻覺察的事物
   ▶ 建立自己「定定神」的方式，重點是你能夠注意到「它」
   ▶ 與自己的想法能夠有少少距離
   ▶ 放回當下，再想一想自己想朝著哪一個方向前進

5. **第五節**
   ▶ 我們的腦袋就像一部「收音機」，無時無刻都在播放，所以我們先要學習多一份「覺察」，覺察這些想法何時出現，何時影響著我們？從而不被它們限制自己的行動（脫離糾結）

▶ 脫離糾結不是要去消滅或逃避這些想法，而是學習與它們抽離一下，退後一步，觀察一下自己的想法，而不與它們糾纏

▶ 在脫離糾纏中，組員不一定要服從自己的想法，可以自由地選擇投放多少專注力，也可以容許這些想法自由地來來回回，不一定要為它做甚麼

6. 第六節

▶ 以籌碼和其兩面作隱喻去解釋辛苦／痛和在乎／愛兩者之間是並存的，我們在乎某一些人或事，當中必然有辛苦的時候

▶ 大家都試圖去避開或擺脫它，但可惜的是，我們越是想擺脫它，生活就越被它拖累，造成更多的痛苦

▶ 我們與其擺脫它，不如對它多一分慈悲，照顧一下它，然後帶著自己重視的人和事繼續生活下去

7. 第七節

▶ 我們的生活（有意義的生活）有時會在不知不覺間受到內心的想法或感受阻撓著。透過「巴士司機」的隱喻，帶出如何用ACT的技巧來應對這些內心的想法和情緒

▶ 讓組員明白到專注於一個大家願意承諾的行動是非常重要的，無論是小步或大步，只要以價值觀為導向，承諾行動就有意義

活動 6

提醒自己的小東西 ⏱20分鐘

☆ **目的：**組員分享能代表自己在這七星期旅程的物件

☆ **物資：**
- 簡報S8 第22頁

☆ **步驟：**

1. 組員輪流分享能代表自己在這七星期旅程的物件（小實踐二）

活動 7

總結 ⏱5分鐘

☆ **物資：**
- 簡報S8 第23至24頁

☆ **步驟：**

1. 播放歌曲《漫步人生路》
2. 鼓勵組員繼續過有意義和滿足的生活

附 錄 物 資

請掃描二維碼
觀看影片/獲取資源連結

編號	物資
A1.1	死神通知書
A1.2	價值卡
A1.3	寶盒工作紙
A2.1	Choice Point
A3.1	自己的Choice Point
A3.2	應對卡
A3.3	五感觀察表
A4.1	五官觀察表
A6.1	籌碼的兩面

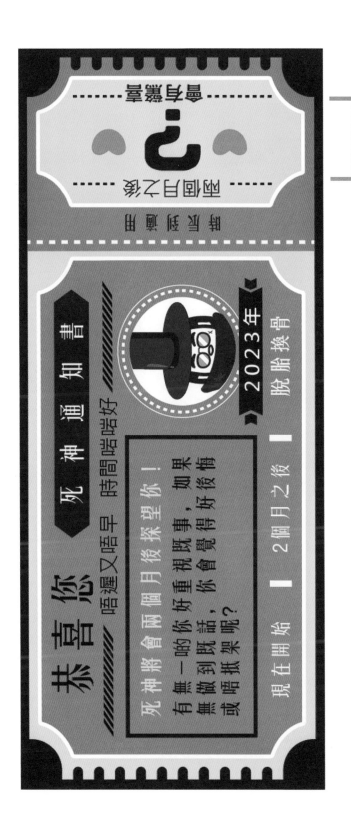

請自行加上刮刮貼紙
遮蓋問號部份

享受與大自然連接

生活中持續成長，前進或改善

行事與自己的宗教信仰一致

持續運動

勤奮及投入地生活

用愛心對待身邊人

在生活中擁有目的及意義

遇上困難仍能堅持繼續

能感恩及享受生活美好的一面

照顧身體

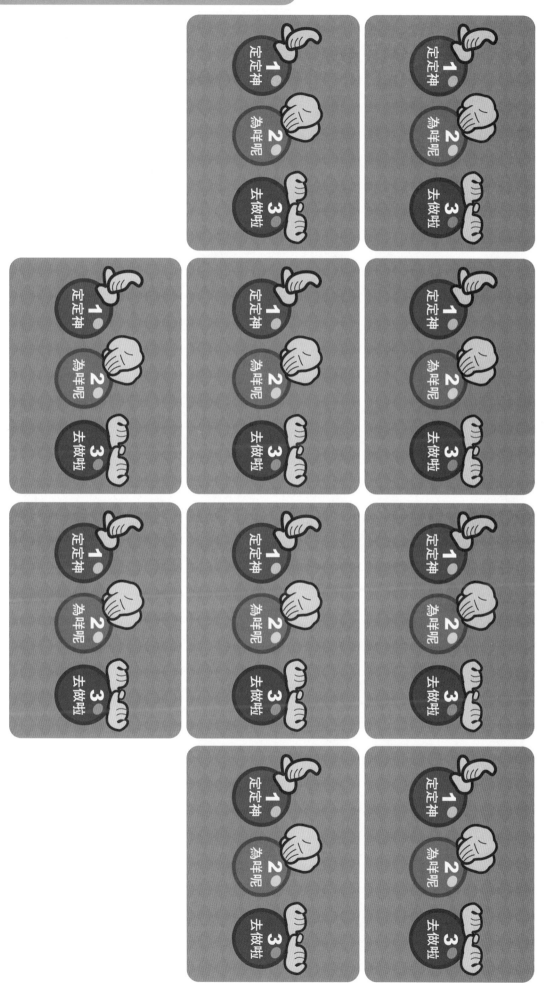

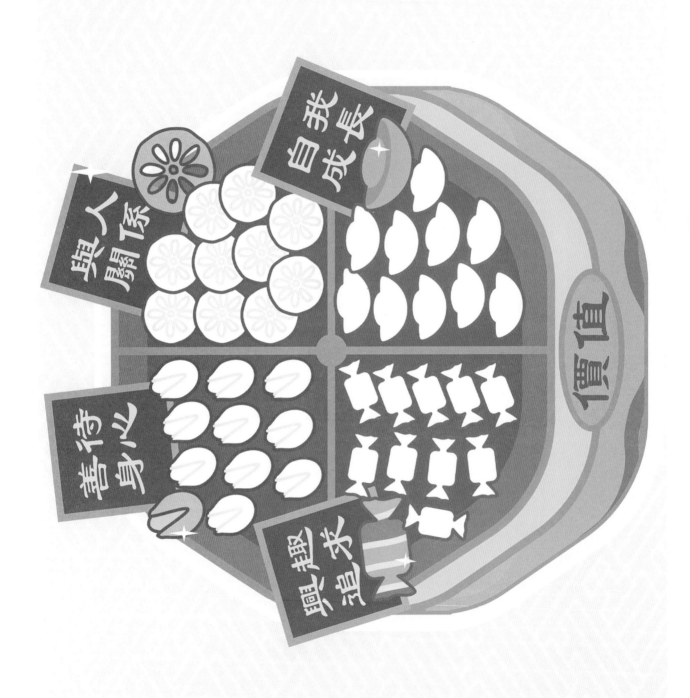

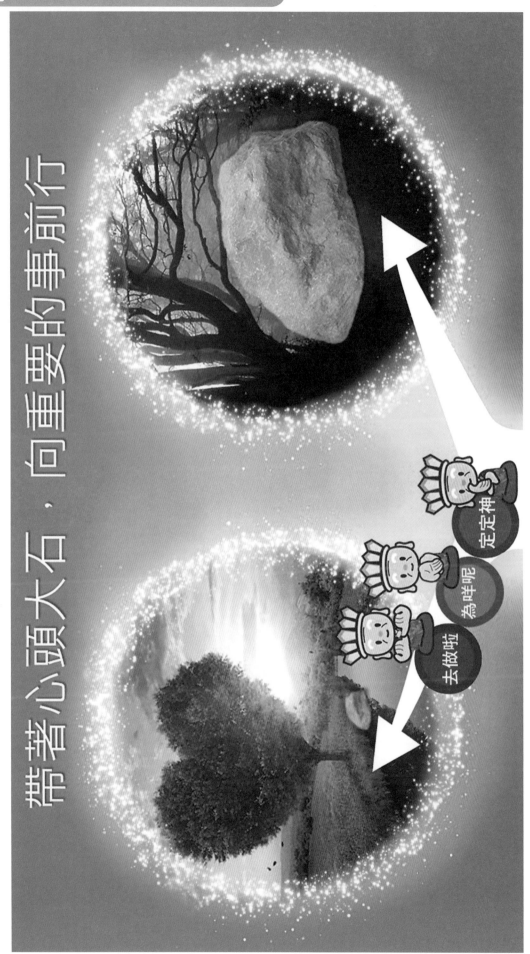

帶著心頭大石，向重要的事前行

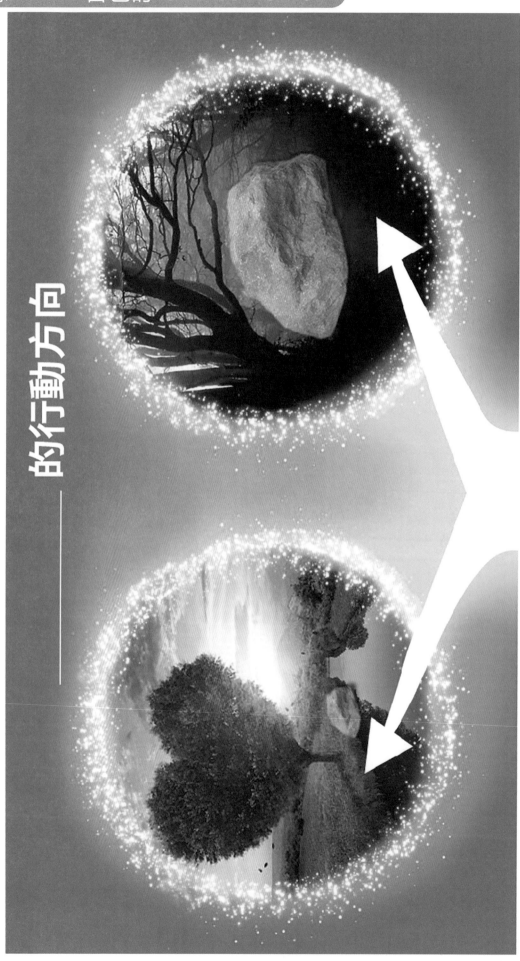

的行動方向

沙咕靜

♥價值　與人關係

⚡技能　忍，死頂而非處理

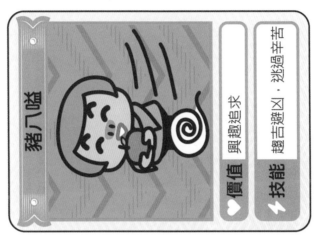

豬八嗒

♥價值　興趣追求

⚡技能　趨吉避凶，逃過辛苦

孫唔通

♥價值　自我成長

⚡技能　消滅/解決眼前障礙

唐三想

♥價值　善待身心

⚡技能　定定神，堅定方向，去做啦

五感觀察表

五感觀察表

同一個籌碼，一面貼上辛苦／痛，另一面貼上在乎／愛

Fung, Wong, and Li (2018). Applied acceptance and commitment training for mental illness stigma reduction & mental health promotion. Training manual version 1.1.